戒不掉的下午茶

Enjoy the Afternoon Tea Time

周小雨

主编

黑龙江出版集团

黑龙江科学技术出版社

图书在版编目（CIP）数据

戒不掉的下午茶 / 周小雨主编. -- 哈尔滨 ：黑龙江科学技术出版社，2016.10
ISBN 978-7-5388-8931-4

Ⅰ．①戒… Ⅱ．①周… Ⅲ．①茶文化-世界 Ⅳ．①TS971.21

中国版本图书馆CIP数据核字(2016)第206434号

戒不掉的下午茶
JIEBUDIAO DE XIAWUCHA

主　　编	周小雨	
责任编辑	梁祥崇	
摄影摄像	深圳市金版文化发展股份有限公司	
策划编辑	深圳市金版文化发展股份有限公司	
封面设计	深圳市金版文化发展股份有限公司	
出　　版	黑龙江科学技术出版社	
	地址：哈尔滨市南岗区建设街41号　邮编：150001	
	电话：（0451）53642106　传真：（0451）53642143	
	网址：www.lkcbs.cn　www.lkpub.cn	
发　　行	全国新华书店	
印　　刷	深圳市雅佳图印刷有限公司	
开　　本	889 mm×1194 mm　1/32	
印　　张	6	
字　　数	120千字	
版　　次	2016年10月第1版	
印　　次	2016年10月第1次印刷	
书　　号	ISBN 978-7-5388-8931-4	
定　　价	36.80元	

惬意时光，蜜香来袭

一份点心，一丝闲暇，一杯奶茶，一缕醇香。

一把遮阳伞，静静地隔开了阳光；一排排攀爬的植物，无意间越过了栅栏；仿古的留音机里，不时地飘荡出轻柔的乐曲，弥漫了整个庭院。下午四点半，外面的阳光依旧强烈，而这里却一片静谧柔和。

置身其中，感受自然的轻松。当微风拂过脸颊，轻轻地牵动衣角，一时间，身也清爽，心也清爽。

品味一杯下午茶，享受一种惬意优雅的生活。

你可以一人独坐，也可以邀三五知己，在优雅的氛围里，感受心灵的祥和与家庭式的温暖，舒缓一天的疲劳。你可以在悠悠茶香中，轻轻地述说内心的烦恼，渐渐地释放工作中的压力，缓缓地回味自己的喜怒哀乐。在如歌的岁月里，慢慢地感受古人"偷得浮生半日闲"的情趣。

下午茶，让人着迷，也让人沉醉。你可以在茶中悟道，也可以在茶中寻味。无论是品味心情，还是品味人生，这些都不重要，重要的是，你喜欢就好。

戒不掉的下午茶，忘不了的旧时光。

CONTENS

Part 1

享受悠闲时光，从下午茶开始

CONTENS

Part 2

手做饼干 & 畅爽茶饮

CONTENS

$\mathscr{Part}$ 3

美味蛋糕 & 浓香咖啡

CONTENS

Part 4

缤纷甜点 & 多彩果汁

享受悠闲时光，从下午茶开始

喜欢甜点，爱恋悠闲自在的下午茶时光吗？那就来喝下午茶吧！本章为你带来下午茶的基本文化与礼仪，让你更轻松地享受悠闲时光，用下午茶的甜蜜和惬意赶走焦虑和压力，收获意想不到的幸福。

Part

1

下午茶的由来

从饮茶文化的发源来讲，最早学会喝茶品茶的人，是以茶文化著称的中国人，中国的茶文化几乎与国家历史一样源远。然而随着时代的发展，单一的品茶则于英国发展成了独特的下午茶，并发展成为英国一种既定习俗的文化方式。

关于下午茶的由来，说法众多，但是它的起源莫不因皇室贵族而起。中国的红茶于1660年传入欧洲的荷兰和葡萄牙，而英国人的饮茶习惯则始自1662年。

据说，第一位开始喝"下午茶"的人是贝德福德第七公爵夫人安娜。安娜是维多利亚时期一位懂得享受生活的人。在两餐间隔的漫长时间里，公爵夫人时常感觉到肚子饿，于是在下午四五点钟，就会命女仆备好一壶茶、几片烤面包和一些奶油、黄油送到她房间去，将这些茶点作为果腹之用，吃得甚是惬意。后来在每天下午四点，公爵夫人便习惯与几位闺中密友，一同品啜茶饮和精致的三明治、小蛋糕，共享轻松惬意的午后时光。

很快，下午茶便在英国上流社会流行起来，成为一种风尚，随后逐渐普及到平民阶层。直到今天，这样的行为已经成为了正统的"英式红茶文化"，也是所谓的"维多利亚下午茶"的由来。

下午茶最初只是贵族家庭成员用高级、精致的茶具享用茶点，后来渐渐地演变成招待友人欢聚的社交茶会，进而衍生出各种繁复的礼节，但现在由于平民化，其形式已简化不少。不过，虽然英国下午茶现在已经简单化，但是正确的泡茶方式、优雅的喝茶姿势、丰盛的茶点，这三点却被视为喝茶的传统而流传下来。

英国人喝下午茶的方式丰俭由人，由高贵的正式茶聚（Tea Party），到可以不喝茶只吃点心的餐饮（High Tea），都可以称为下午茶。英国人最喜欢的下午茶时间，多集中在下午3点半到5点半之间。那种优雅的氛围往往可以让人们感受到心灵的祥和与家庭式的温暖，从而舒解一天的疲劳。

英式下午茶的专用红茶为产自印度的大吉岭红茶、伯爵茶或斯里兰卡的锡兰高地红茶。除此之外，英国也有在下午茶时喝奶茶的习惯，随茶而来的还有切成薄片的柠檬及奶罐。随着时间的推移，一些在早期上不得台面的加味茶也逐渐被人们所接受，这令下午茶在普通民众中流传得更为广泛。

茶品与茶香

众所周知，中国人爱茶，而英国人对茶的热衷也不遑多让。茶源于中国，却在英国发展成独特的英国茶文化。中国人以品绿茶为主，而英国人则中意红茶，因此在饮用习惯上，和中国人大有不同。

英国人热爱饮茶，他们的茶单上有很多的种类，但总体来说，他们惯用的茶品种类可以分为红茶（Black Tea）和花草茶（Herbal Tea）。英国的红茶主要产自印度，像印度的阿萨姆（Assam）、大吉岭（Darjeeling），斯里兰卡的锡兰（Ceylon）和中国的正山小种（Lapsang Souchong）都是红茶的代表。

阿萨姆（Assam）

阿萨姆红茶，产于印度东北阿萨姆喜马拉雅山麓的阿萨姆溪谷一带。茶叶外形细扁，色呈深褐；汤色深红稍褐，带有淡淡的麦芽香、玫瑰香，滋味浓，属烈茶，是冬季饮茶的最佳选择。若单独喝起来会有淡淡的涩味，口感很一般。然而配上鲜奶却能很好地去除阿萨姆天然的涩味，并且激发出它的茶香，使阿萨姆的味道更加浓郁。

锡兰茶（Ceylon）

锡兰红茶出产于斯里兰卡，是一种统称。其茶汤色泽鲜红，滋味柔和，带有特殊的花香味，适合泡煮奶茶。锡兰红茶一般根据口味可分为原味红茶和调味红茶，同时锡兰红茶又有拼配茶（blended）和非拼配茶（non-blended）之分。

伯爵茶（Earl Grey）

格雷伯爵茶是当今世界最流行的红茶调味茶，也是英式下午茶的最经典饮品，是一款和中国颇有渊源的英式茶。传说伯爵茶源于一位清朝官员对格雷伯爵的赠礼，因此，它是以中国红茶为原料，加入佛手柑调制而成。

大吉岭红茶（Darjeeling）

大吉岭红茶，被誉为"红茶中的香槟"。其汤色橙黄，气味芬芳高雅，上品尤其带有葡萄香，口感细致柔和。

实用饮茶礼仪介绍

　　在下班之后的休憩时间和周末，你都是怎样安排的？繁忙的工作压抑着我们的神经，怎样才能让高压之后的我们释放压力和舒缓紧绷的神经呢？当然，慢跑、游泳、舞蹈等运动能够调节我们的状态，但与几个知己好友小聚、喝茶、聊天也不失为一种放松方式。

维多利亚下午茶的基本礼仪

　　当下餐饮酒店提供的下午茶，实际上是"high tea"，通常在下午5点食用，而下午茶最正统时间应该是下午4点，即"low afternoon tea"。

　　在维多利亚时代，贵族们举办下午茶会时对于着装是有严格要求的。男士须身着燕尾服，女士则身着长袍。现在，除了喝茶必须要预约还比较传统之外，在伦敦品茶时一般的着装要求是"smart casual"，只要避开牛仔裤这一类极其不正式的着装就可以了。

　　一般来讲，下午茶的专用茶为大吉岭茶、伯爵茶、绿茶或锡兰茶等

传统口味的纯味茶，若是喝奶茶则可依据个人喜好添加牛奶与糖。

对于有三层点心组成的traditional afternoon tea（传统下午茶），最传统的吃法是从咸到甜，由下而上。而且品尝糕点时必须将糕点放置于专用点心盘后，方可食用。喝茶姿势为直接端起茶杯喝茶，不带茶杯、托盘。

日式下午茶的基本礼仪

通常欧洲人喝下午茶是较休闲的，而日本人喝下午茶却是端庄、优雅的，所以在喝法与意境上会和其他的下午茶有些不同。

日式下午茶的环境布置是较为清静和雅致的，茶的种类皆以绿茶为主。日式下午茶的茶点只是佐茶的一道食品，人们主要的还是以茶聚会。日本人注重饮茶的仪式，日本茶道非常繁复，对于动作、姿势、表情，甚至进门先迈哪只脚，都有严格的规定，所以对日式下午茶倒水端茶的过程都不可忽视与怠慢。

英式下午茶三部曲

　　提起下午茶，我们能够想到的是充沛的阳光、清雅的环境，故而便想到了著名的下午茶故乡——英国。在东方国家中，中国的茶文化历史悠久，而在西方国家中，英国人对于茶的喜爱也甚为狂热。中国人喝茶讲究文化，与之相比，英国人喝茶更在意享受。

享受英式下午茶

　　沐浴着午后温暖的阳光，与三五好友坐在一个轻松惬意的环境中，品味着小点心，一口茶一口吃食，通过味蕾的滋润和点点累积的饱腹感，让忙碌的身心得到一丝宽慰和放松，慢饮慢聊地度过一个下午。

　　英国与中国各具特色的茶文化，同样也代表着东西方不同的饮茶风格。中国有着源远流长的茶叶种植技术，然而，未种植过一颗茶树的英国人，却用由中国船运来的茶叶创造了有着独特风格、华美品饮形态的"英式下午茶"，并因此享誉世界。

典型英式下午茶三部曲

经典的英式下午茶由点心和茶组成。

红茶最初传进欧洲时，由于是遥远东方来的珍品，"喝茶"还只是上流社会的专属享受。然而，随着其发展，应运而生的是，除了喝茶，与茶相配的蛋糕、三明治等各种点心，也成了不可或缺的部分。

正式的下午茶点心一般被垒成"三层架"的形式，第一层放三明治，第二层放传统的英式点心，第三层则放蛋糕及水果塔等甜食。

"茶"是下午茶中绝对的主角，而经典的英式下午茶分为大吉岭茶与伯爵茶、锡兰茶等几种。

茶点的食用顺序应该遵从味道由淡而重、由咸而甜的法则。先品尝咸味的三明治，再啜饮几口醇香的红茶。接下来食用涂抹上果酱或奶油的英式松饼，最后才享用甜腻厚实的水果塔。

DIY英式下午茶三层点心架

在传统的英式下午茶中，点心架的身影随处可见，它优雅的气质会让人不由自主地放松下来，并跟随它一起悠享静谧时光。现在，就让我们用家里的材料，来制作简单的英式点心架吧。

 我们首先要找到三个大小相差均等的盘子和两个高矮玻璃酒杯。

 先用白醋清除盘子和酒杯上的污渍，然后用温水冲洗干净后晾干，并在盘子的中心点做出标记。

 在较高的玻璃杯口边缘涂上黏结剂，然后把杯子以倒扣的方式粘在尺寸最大的盘子正中心，或者让杯口向上，在杯底涂上黏结剂，粘在盘子正中心。

 在较高的玻璃杯杯脚处涂上黏结剂，粘在中号盘子的底部正中心位置。

 在较矮的玻璃杯杯脚处涂上黏结剂，粘在中号盘子正面正中心位置。

 在较矮的玻璃杯口边缘涂上黏结剂，然后把杯子以倒扣的方式粘在最小的盘子底部的中心位置。

 这样，一个精美的三层点心架就做好了，等到黏结剂完全干透，就可以用它来盛放你的下午茶点心了。

手做饼干 & 畅爽茶饮

脆脆的饼干，配上酸甜的茶水，冲去一丝青涩，带来一缕回味。在悠闲的午后时光里，让我们感受着茶水的清爽，回味着这份时光的峥嵘。两个人无意的对视间也能慢慢地品味出TEA TIME的美妙。

Part

2

类似初恋的感觉

\奶酥饼 vs 柠檬蜂蜜绿茶 /

奶酥饼

材料:

黄奶油120克

蛋黄40克

低筋面粉180克

糖粉60克

盐3克

工具:

玻璃碗、电动搅拌器、长柄刮板、裱花袋、裱花嘴各1个,剪刀1把,高温布1块,烤箱1台

做法:

1 将黄奶油倒入玻璃碗中,加入盐、糖粉,用电动搅拌器快速搅匀,分次加入蛋黄,并搅匀。

2 将低筋面粉过筛至碗中,用长柄刮板拌匀,制成面糊。

3 把面糊装入套有裱花嘴的裱花袋里,剪开一个小口。

4 以画圈的方式把面糊挤在铺有高温布的烤盘里,制成饼坯。

5 将烤盘放入预热好的烤箱里,以上火180℃、下火190℃烤15分钟至熟。

6 打开箱门,取出烤好的饼干,装入盘中即可。

小雨说

制作时,饼干生坯的厚薄、大小都要保持一致哦,这样烤出来的成品外形会更美观。

柠檬蜂蜜绿茶

材料：柠檬片45克，绿茶10克，蜂蜜30克

工具：杯子1个，砂锅1个

— 做法： —

Step One
砂锅中注入适量清水烧开。

Step Two
放入备好的柠檬片和绿茶，拌匀，煮1分钟。

Step Three
把煮好的茶水盛出，滤入杯中，加入蜂蜜即可。

令人心动的回味

＼鸡蛋奶油饼干 vs 麦冬山楂茶／

鸡蛋奶油饼干

材料:

低筋面粉100克

黄奶油30克

糖粉20克

食粉2克

蛋白20克

盐2克

黑芝麻、白芝麻各适量

工具:

刮板、饼干模具各1个，擀面杖1根，碗1个，烤箱1台

做法:

1 将低筋面粉倒在案台上，用刮板开窝。

2 倒入黄奶油、糖粉、蛋白，稍加搅拌。

3 刮入面粉，混合均匀，加入食粉、盐及备好的黑芝麻、白芝麻，揉成面团。

4 用擀面杖把面团擀成面皮，用模具在面皮上压出数个饼干生坯。

5 去掉边角料，把生坯放入烤盘里，放入预热好的烤箱里，以上下火均为150℃烤15分钟至熟。

6 取出烤好的饼干，装入碗中即可。

面团可以放入冰箱冷藏半小时后再切，这样更易成形哦。浓缩最好的味道，给你最美的享受。

麦冬山楂茶

材料：鲜山楂70克，麦门冬10克，糖适量

工具：茶杯1个，砂锅1个

—— 做法：——

Step One

将洗净的山楂去除头尾，再把果肉切开，去除果核，备用。

Step Two

砂锅中注入适量清水烧开，倒入洗净的麦门冬，放入切好的山楂。

Step Three

盖上盖，煮沸后用小火煮约15分钟，至食材释放出有效成分。

Step Four

揭盖，加糖后搅拌片刻，再盛出煮好的山楂茶，装入茶杯中，待稍

微冷却后即可饮用。

玫瑰与爱的芬芳

\ 星星小西饼 vs 玫瑰红茶 /

星星小西饼

材料:

黄奶油70克

糖粉50克

蛋黄15克

低筋面粉110克

可可粉适量

工具:

玻璃碗、电动搅拌器、裱花袋、裱花嘴各1个，高温布1块，盘子1个，烤箱1台

做法:

1 将黄奶油倒入玻璃碗中，加入糖粉，用电动搅拌器快速搅匀。

2 加入蛋黄，搅匀，倒入低筋面粉，搅拌均匀。

3 加入可可粉，搅匀，制成饼干糊。

4 把饼干糊装入套有裱花嘴的裱花袋里，挤在烤盘中的高温布上，制成饼干生坯。

5 将生坯放入预热好的烤箱里，关上箱门，以上火180℃、下火180℃烤10分钟至熟。

6 打开箱门，取出烤好的饼干，装入盘中即可。

小西绕

饼干生坯不宜过大、过厚，否则不易熟透。

玫瑰红茶

材料： 红茶6克，玫瑰花5克，蜂蜜少许，开水适量

工具： 茶杯1个，茶壶1个

———— 做法： ————

Step One

取备好的茶壶，放入备好的红茶和玫瑰花，注入适量开水。

Step Two

盖上盖，浸泡一小会儿，倒出茶壶中的水。

Step Three

取下盖子，再次注入适量开水。

Step Four

盖好盖，泡约5分钟，至其释放出有效成分。

Step Five

另取一个干净的茶杯，倒入茶壶中的茶水。

Step Six

加入少许蜂蜜，快速搅拌匀即可饮用。

柠檬初上，美妙酸甜

＼清爽柠檬饼干 vs 玫瑰蜜枣茶／

清爽柠檬饼干

材料:

低筋面粉200克

黄油130克

糖粉100克

盐5克

柠檬皮碎10克

柠檬汁20毫升

工具:

刮板1个，烘焙纸1张，盘子1个，烤箱1台

做法:

1 往案台上倒入低筋面粉、盐，用刮板拌匀，开窝。

2 倒入糖粉、黄油，拌匀，加入柠檬皮碎、柠檬汁，刮入面粉，混合均匀。

3 将混合物搓揉成一个纯滑面团，逐一取适量的面团，稍微揉圆。

4 将揉好的小面团放入垫有烘焙纸的烤盘上，按压一下制成圆饼生坯。

5 将烤盘放入烤箱中，以上下火均为160℃烤15分钟至熟。

6 取出烤盘，将烤好的饼干装盘即可。

小雨说

搓揉面团的时候，手上可以撒些面粉以防止粘手。这款低热量低脂肪的饼干是下午茶的佳品，不用担心会变胖哟。

玫瑰蜜枣茶

材料：蜜枣10克，玫瑰花4克
工具：茶杯1个，砂锅1个

———— 做法： ————

Step One
砂锅中注入适量清水烧开，放入洗净的蜜枣。

Step Two
盖上盖，煮沸后用小火煮约10分钟，至其释放出有效成分。

Step Three
揭盖，搅拌一会儿，转中火保温，待用。

Step Four
取一个干净的茶杯，放入备好的玫瑰花。

Step Five
盛入砂锅中的蜜枣汁，至八九分满。

Step Six
盖上盖，泡约5分钟，至散出茶香味。

Step Seven
取下茶杯盖，趁热饮用即可。

芦荟之夏，暖昧初见

＼美式巧克力豆饼干 vs 蜂蜜芦荟茶／

美式巧克力豆饼干

材料:

黄奶油120克

糖粉90克

鸡蛋50克

低筋面粉170克

杏仁粉50克

泡打粉4克

巧克力豆100克

工具:

电动搅拌器、玻璃碗、刮板、筛网各1个,烤箱1台,高温布1张,盘子1个

做法:

1　将黄奶油、泡打粉、部分糖粉倒入玻璃碗,用电动搅拌器快速搅拌均匀。

2　加入鸡蛋,搅拌均匀,将低筋面粉、杏仁粉过筛至玻璃碗中。

3　用刮板将材料搅拌匀,制成面团。

4　倒入巧克力豆,拌匀,并搓圆,取一小块面团,搓圆。

5　放在铺有高温布的烤盘上,用手稍稍地压平。

6　将烤盘放入烤箱,以上下火均为170℃烤20分钟至熟。

7　从烤箱中取出烤盘,将余下的糖粉过筛至烤好的饼干上,装盘即可。

小雨绽

飘散的甜蜜巧克力香气会带来幸福的感觉!在制作时,若将面团压得薄一点儿,烤出来的饼干会更脆。

蜂蜜芦荟茶

材料： 芦荟90克，蜂蜜15克

工具： 杯子1个，砂锅1个

—— 做法： ——

Step One

将洗净的芦荟去除表皮，切取芦荟肉。

Step Two

切去边刺，再切成小丁，备用。

Step Three

砂锅中注入适量清水烧开，放入芦荟丁。

Step Four

盖上盖，用小火煮约10分钟，至其释放出营养成分。

Step Five

揭盖，倒入蜂蜜，搅拌匀，用中火续煮片刻。

Step Six

关火后盛出煮好的芦荟茶，装入杯中即成。

宝宝的最爱

＼娃娃饼干 vs 雪梨菊花茶／

娃娃饼干

材料：

低筋面粉110克

黄奶油50克

鸡蛋25克

糖粉40克

盐2克

巧克力液130克

做法：

1 把低筋面粉倒在案台上，用刮板开窝，倒入糖粉、盐，加入鸡蛋，搅匀。

2 放入黄奶油，将材料混合均匀，揉搓成纯滑的面团。

3 用擀面杖把面团擀成0.5厘米厚的面皮，用圆形模具压出数个饼坯。

4 在烤盘上铺一层高温布，摆上饼坯后放入烤箱，以上火170℃、下火170℃烤15分钟至熟。

5 取出烤好的饼干，将每块饼干的一端浸入巧克力液中，造出头发状。

6 再用竹签蘸上巧克力液，在饼干上画出眼睛、鼻子和嘴巴。

7 把饼干装入盘中即可。

工具：

刮板、圆形模具各1个，量尺1把，擀面杖1根，烤箱1台，高温布1块，盘子1个

小雨说

小巧可爱的饼干，看着都觉得充满了青春的活力。为让饼干的口感更酥松，揉面团的时间不宜太久。

雪梨菊花茶

材料：雪梨140克，菊花8克，枸杞10克，冰糖适量

工具：汤锅1个，杯子1个，碗2个

——— 做法：———

Step One
取两碗温水，分别放入菊花和枸杞，清洗干净。

Step Two
捞出清洗好的枸杞、菊花，待用，洗净的雪梨取果肉，改切成薄片。

Step Three
汤锅置火上，放入雪梨片，注入适量清水，用大火略煮。

Step Four
撒上备好的冰糖，搅拌匀，至冰糖溶化。

Step Five
倒入清洗好的菊花和枸杞，用中火略煮，至散出花香味。

Step Six
关火后盛出煮好的雪梨菊花茶，装入杯中即成。

节日相伴，柔情无限

\ 圣诞饼干 vs 桂花蜂蜜红茶 /

圣诞饼干

材料:

色拉油50毫升

细砂糖50克

肉桂粉2克

纯牛奶45毫升

低筋面粉275克

全麦粉50克

红糖粉125克

工具:

刮板、盘子各1个,擀面杖1根,叉子、量尺、小刀各1把,烤箱1台,高温布1块

做法:

1 将低筋面粉、全麦粉、肉桂粉倒在案台上,用刮板开窝。

2 倒入细砂糖、纯牛奶,用刮板拌匀,倒入红糖粉,拌匀。

3 加入色拉油,将材料混合均匀,揉搓成面团。

4 用擀面杖将面团擀成0.5厘米厚的面皮,将边缘切齐整,切成方块,再切成小方块。

5 把生坯放在铺有高温布的烤盘里,用叉子在生坯上扎上小孔。

6 把烤箱调为上下火均为160℃,预热8分钟,将生坯放入烤箱里,关上箱门,烤20分钟至熟。

7 打开烤箱门,取出烤好的饼干,装入盘中即可。

小面馆

饼干中加入肉桂粉,那种微辣微甜的味道,吃一次就会记住,但是牛奶不宜加太多,否则饼干生坯不易成形。

桂花蜂蜜红茶

材料：桂花3克，红茶4克，蜂蜜少许，开水适量

工具：杯子1个

——————— 做法： ———————

Step One

取一个茶杯，倒入备好的红茶。

Step Two

注入适量开水，冲洗一下，滤出水分。

Step Three

在杯中撒上备好的桂花，再注入适量开水至八九分满，盖上

盖，泡约5分钟。

Step Four

揭盖，加入少许蜂蜜拌匀，待稍微放凉后即可饮用。

林中漫步，语笑嫣然

＼白兰饼 vs 柠檬红茶／

白兰饼

材料：

低筋面粉160克

黄奶油70克

糖粉50克

蛋白25克

香草粉5克

芒果果肉馅适量

工具：

刮板1个，盘子1个，烤箱1台

做法：

1　将低筋面粉、香草粉倒在案台上，用刮板开窝。

2　倒入糖粉、蛋白，搅匀，加入黄奶油，将材料混合均匀。

3　揉搓成光滑的面团，再搓成长条，用刮板切成大小均等的小剂子。

4　把小剂子搓成圆球，放入烤盘里，用手指在剂子上压一个小窝。

5　放入适量芒果果肉馅，制成生坯后摆入烤盘，将烤盘放入预热好的烤箱中。

6　关上箱门，以上下火均为170℃烤20分钟至熟。

7　打开箱门，取出烤好的白兰饼，装入盘中即可。

小雨说

白兰饼有同白兰般美好的名字，还有果肉做"花蕊"，看着赏心悦目，但原料的用量要精确，否则会影响成品的口感哦。

柠檬红茶

材料： 柠檬片15克，红茶4克，蜂蜜少许

工具： 杯子1个

——————— **做法：** ———————

Step One
取一个茶杯，放入红茶。

Step Two
注入少许开水，冲洗一下，滤出水分。

Step Three
杯中加入备好的柠檬片，再注入适量开水至八九分满。

Step Four
盖上盖，泡约5分钟，揭盖，加入少许蜂蜜调匀，趁热饮用即可。

味蕾的遐想

＼纽扣小饼干 vs 茉莉花茶／

纽扣小饼干

材料:

低筋面粉160克

鸡蛋1个

盐1克

奶粉10克

糖粉50克

黄奶油80克

工具:

刮板、叉子各1个,
圆形模具2个,烤箱1
台,盘子1个

做法:

1　把低筋面粉倒在案台上,加入奶粉,
拌匀,用刮板开窝。

2　加入盐、糖粉、鸡蛋,用刮板拌匀,
倒入黄奶油,将材料混合均匀。

3　揉搓成纯滑的面团,再搓成长条状,
用刮板切数个大小一致的剂子。

4　把剂子压扁,用较大的圆形模具压成
圆饼状,去掉边缘多余的面团,再用
较小的圆形模具轻轻按压面团。

5　把做好的饼坯放入烤盘,用叉子在饼
坯中心处轻轻插一下,制成纽扣饼干
生坯。

6　将摆上生坯的烤盘放入烤箱,以上下
火均为160℃烤15分钟至熟。

7　取出烤好的饼干,装入盘中即可。

茉莉花茶

材料： 茉莉花4克，绿茶3克，开水适量

工具： 茶杯1个

做法：

Step One
取一个茶杯，倒入备好的绿茶。

Step Two
注入适量开水冲洗一下，滤出水分。

Step Three
杯中加入备好的茉莉花，再注入适量开水至八九分满。

Step Four
盖上盖，泡约5分钟。

Step Five
揭盖，趁热饮用即可。

花茶的氤氲之气，总能带给人一种春暖花开的气息。若再加入少许蜂蜜，其味道会更清香。

动人情话，甜透心扉

＼可可黄油饼干 vs 冰镇红糖奶茶／

可可黄油饼干

材料:

低筋面粉100克

可可粉10克

蛋黄30克

奶粉15克

黄油85克

糖粉50克

面粉少许

工具:

刮板、圆形模具各1个,
保鲜膜、烘焙纸各1张,
擀面杖1根,量尺1把,盘
子1个,烤箱1台

做法:

1 往案台上倒入低筋面粉、可可粉、奶粉,
用刮板拌匀,开窝。

2 加入蛋黄、糖粉,拌匀,倒入黄油,刮入
面粉。

3 将混合物揉搓成一个纯滑面团,用保鲜膜
将面团包裹好,放入冰箱冷冻30分钟。

4 取出冻好的面团,撕下保鲜膜。

5 在案台上撒少许面粉,用擀面杖将其擀成
约0.5厘米厚的面饼。

6 用圆形模具在面饼上逐一按压,取出数
个圆形生坯;烤盘上垫一层烘焙纸,放
入生坯。

7 将烤盘放入烤箱中,以上下火均为160℃
烤15分钟至熟。

8 取出烤盘,将烤好的饼干装盘即可。

冰镇红糖奶茶

材料：红茶包1包，淡奶100毫升，开水150毫升，红糖20克，冰块适量

工具：杯子1个，保鲜膜适量

―――― 做法：――――

Step One
在玻璃杯里的开水中放入红茶包，浸泡3分钟成红茶水。

Step Two
取一个空杯，倒入泡好的红茶，加入淡奶，倒入红糖。

Step Three
搅拌均匀至红糖溶化，封上保鲜膜，放入冰箱冷藏30分钟。

Step Four
取出冰镇好的奶茶，撕开保鲜膜，加入冰块即可。

喜欢茶味偏浓的人，可以多加一包红茶的分量来制作。

耳间密语，满面绯红

\ 双色耳朵饼干 vs 芦荟酸奶 /

双色耳朵饼干

材料：

黄奶油130克
香芋色香油适量
低筋面粉205克
糖粉65克

工具：

刮板、筛网各1个，量尺1
把，擀面杖1根，保鲜膜1
张，盘子1个，烤箱1台

做法：

1　将黄奶油、糖粉倒在案台上混合均匀，揉搓成面团，将低筋面粉过筛至面团上按压，拌匀，再揉搓成面团。

2　将面团揉搓成长条，切成两半，取其中一半压平，倒入香芋色香油，按压，揉搓成香芋面团。

3　将香芋面团压扁，用擀面杖将另一半面团擀成薄片，放上香芋面片按压。

4　用刮板切整齐，将面皮卷成卷，揉搓成细长条，切去两端不平整的部分。

5　将面团对半切开，取其中一半，用保鲜膜包好，放入冰箱，冷冻30分钟。

6　取出冷冻好的材料，撕开保鲜膜，切成厚度为0.5厘米的小剂子后放入烤盘中，将烤盘放入烤箱。

7　以上下火均为180℃烤15分钟至熟，取出烤盘，将饼干装入盘中即可。

芦荟酸奶

材料： 芦荟100克，酸奶200毫升

工具： 杯子1个，勺子1个

———————— 做法： ————————

Step One
将洗净的芦荟去除两侧的叶刺，再去皮。

Step Two
将去皮的芦荟肉切成小块，装入杯中。

Step Three
倒入酸奶，用勺子拌匀即可。

芦荟酸奶可放入冰箱冷藏一
会儿，风味更佳。

悠闲如歌的思绪

＼奶油花生饼干 vs 港式奶茶／

奶油花生饼干

材料：

低筋面粉100克

鸡蛋1个

黄奶油65克

花生酱35克

糖粉50克

工具：

刮板1个，保鲜膜适量，
小刀1把，烤箱1台，量
尺1把，盘子1个，高温
布1张，烤箱1台

做法：

1 操作台上倒入低筋面粉，用刮板开窝。

2 倒入糖粉，加入鸡蛋，用刮板拌匀，倒入
花生酱，拌匀。

3 刮入面粉，搅拌均匀，倒入黄奶油，将混
合物按压揉制成纯滑面团。

4 将面团揉搓至粗圆条状，用保鲜膜将面团
包裹，放入冰箱冷藏30分钟至定型。

5 取出冻好的面团，撕去保鲜膜，用刀将
面团切成约1厘米厚的圆块，制成饼干
生坯。

6 在铺有高温布的烤盘中放入饼干生坯，
将烤盘放入预热好的烤箱中，以上下火
均为180℃，烤20分钟至熟。

7 取出烤盘，将烤好的饼干直接装盘即可。

港式奶茶

材料： 红茶包2包，淡奶120毫升，白糖少许

工具： 锅1个，杯子1个

——— **做法：** ———

Step One
锅中注入适量清水烧开，放入红茶包，拌匀，煮出清香味。

Step Two
关火后盛出红茶汁，装入杯中。

Step Three
在杯中倒入备好的淡奶。

Step Four
撒上少许白糖，拌匀，趁热饮用即可。

此茶有独特而浓郁的红茶香气，入口时先苦涩后甘甜。在煮时不宜用小火，否则很容易减少茶水的香味。

颤动舌尖的美味
＼巧克力夹心脆饼 vs 薄荷奶茶／

巧克力夹心脆饼

材料：

黄奶油100克

糖粉80克

蛋白40克

低筋面粉70克

黑巧克力液100毫升

黄油20克

工具：

裱花袋、刮板、圆形压模各1个，油纸2张，电动搅拌器1个，盘子1个，剪刀1把，烤箱1台

做法：

1　将糖粉、黄奶油倒入容器中用电动搅拌器中拌匀，放入备好的蛋白拌匀至其七分发，再倒入低筋面粉拌匀，至材料呈细腻的糊状，装入裱花袋。

2　收紧袋口，在袋底剪出一个小孔，将面糊挤入铺有油纸的烤盘，制成饼干生坯。

3　将烤盘放进预热好的烤箱，以上下火160℃烤约10分钟，至食材熟透，取出烤盘，静置冷却。

4　取备好的圆形压膜，用力地压在饼干上，修整其形状，使其呈圆形，放在盘中待用。

5　把备好的黑巧克力液装入碗中，加入黄油，快速拌匀至其溶化，倒在另一张油纸上用刮板铺开、摊平，静置约7分钟，待其冷却。

6　取压膜，在夹心馅料上用力压出数个圆形块，即成夹心馅料，取两块饼干，在其中间放上一片夹心馅料，对齐后稍稍捏紧，依此做完余下的饼十后装盘即成。

薄荷奶茶

材料： 红茶包1包，牛奶120毫升，鲜薄荷叶少许，开水适量

工具： 碗1个，茶壶1个，小玻璃杯1个

———— 做法： ————

Step One
取一碗清水，放入鲜薄荷叶，清洗干净。

Step Two
捞出薄荷叶，沥干水分，放在碗中，待用。

Step Three
另取一个小茶壶，放入红茶包，注入适量开水，至六分满，放入洗好的薄荷叶。

Step Four
盖上盖，泡约5分钟，至茶汁色泽暗红。

Step Five
揭开壶盖，注入备好的牛奶，搅拌匀。

Step Six
将泡好的奶茶倒入小玻璃杯中即成。

奶茶中的薄荷既保留了本身的清香，又少了那股冲劲儿。制作时可将薄荷叶撕小一些，这样可使薄荷香味更易溶于茶水。

充满爱意的美味

\ 巧克力华夫饼 vs 红豆奶茶 /

巧克力华夫饼

材料：

纯牛奶200毫升

熔化的黄奶油30克

细砂糖75克

低筋面粉180克

泡打粉5克

盐2克

鸡蛋3个（分别取蛋白、蛋黄）

黄奶油适量

黑巧克力液30毫升

草莓3颗

蓝莓少许

工具：

裱花袋、搅拌器、电动搅拌
器各1个、剪刀、小刀各1
把，华夫炉1台，盘子1个，
白纸1张

做法：

1 将细砂糖、纯牛奶倒入容器中，用搅拌器
拌匀，加入低筋面粉，搅拌均匀，倒入蛋
黄，拌匀。

2 放入泡打粉、盐，搅拌匀，再倒入熔化的
黄奶油，搅拌均匀，至其呈糊状。

3 将蛋白倒入另一个容器中，用电动搅拌
器打发，把打发好的蛋白倒入面糊中，
搅拌匀。

4 将华夫炉温度调成200℃，预热，在炉子
上涂黄奶油，至其熔化。

5 将拌好的材料倒在华夫炉中，至其起泡，
盖上盖，烤1分钟至熟。

6 揭开盖，取出烤好的华夫饼，将华夫饼放
在白纸上，切成四等份，装入盘中。

7 放上洗净的蓝莓，再摆上洗好的草莓，把
黑巧克力液装入裱花袋中，并在尖端剪一
个小口，快速地挤在华夫饼上即可。

红豆奶茶

材料:水发红豆100克，红茶叶12克，牛奶140毫升，蜂蜜、炼乳各少许

工具: 碗1个，砂锅1个，玻璃杯1个，小容器2个

—————— 做法: ——————

Step One
将水发红豆和红茶叶分别浸入清水中，清洗干净，去除杂质后捞出材料，分别装入小容器中。

Step Two
砂锅置火上，倒入红豆，注入清水，加入蜂蜜，拌匀。

Step Three
盖上盖，烧开后用小火煮约30分钟，至红豆熟软。

Step Four
关火后揭盖盛出，装入小碗中，制成蜜豆，放凉，另起砂锅烧热，倒入牛奶，放入洗好的红茶叶。

Step Five
烧开后用小火煮约5分钟，至茶叶释放出有效成分。

Step Six
揭盖后关火，盛出煮好的茶水，滤在玻璃杯中，再趁热加入炼乳，拌匀，制成奶茶，待用。

Step Seven
取玻璃杯，倒入放凉的蜜豆，注入适量奶茶即可。

小雨说

甜蜜的味道，还有隐藏着的粒粒惊喜。蜂蜜也可以在红豆煮好之后再加入，这样可使蜜豆的口感更好一些。

相敬如宾的雅趣

＼罗蜜雅饼干 vs 桂圆红枣奶茶／

罗蜜雅饼干

材料：

饼皮

黄奶油80克

糖粉50克

蛋黄15克

低筋面粉135克

馅料

糖浆30克

黄奶油15克

杏仁片适量

工具：

电动搅拌器、长柄刮板、三角铁板、裱花嘴、玻璃碗各1个，裱花袋2个，高温布1张，盘子1个，烤箱1台

做法：

1　将黄奶油倒入玻璃碗中，加入糖粉，用电动搅拌器搅匀。

2　加入蛋黄，快速搅匀，倒入低筋面粉，用长柄刮板搅拌匀，制成面糊。

3　把面糊装入套有裱花嘴的裱花袋里。

4　将黄奶油、杏仁片、糖浆倒入碗中，用三角铁板拌匀后做成馅料，装入裱花袋里，备用。

5　将裱花袋里的面糊挤在铺有高温布的烤盘里，制成饼坯，用三角铁板将饼坯中间部位压平。

6　挤上适量馅料，把饼坯放入预热好的烤箱里。

7　关上箱门，以上火180℃、下火150℃烤15分钟至熟。

8　打开箱门，取出烤好的饼干，装入盘中即可。

桂圆红枣奶茶

材料： 桂圆肉30克，红枣25克，牛奶100毫升，红糖
　　　　25克

工具： 碗1个，砂锅1个

做法：

Step One
砂锅中注入适量清水烧开。

Step Two
倒入洗好的桂圆肉、红枣。

Step Three
盖上盖，用小火煮约20分钟至食材熟透。

Step Four
揭盖，倒入牛奶，煮至沸。

Step Five
放入红糖，搅拌均匀。

Step Six
关火后盛出煮好的奶茶，装入碗中即可。

制作此茶时水不宜加太多，
以免影响成品的口感。

神清气爽的组合

\ 巧克力牛奶饼干 vs 冰镇仙草奶茶 /

巧克力牛奶饼干

材料：

饼皮

黄奶油100克

糖粉60克

低筋面粉180克

蛋白20克

可可粉20克

奶粉20克

黑巧克力液、白巧

克力液各适量

馅料

白奶油50克

纯牛奶40毫升

工具：

大碗、刮板、模具、电动搅
拌器各1个，裱花袋2个，擀
面杖1根，剪刀1把，烤箱1
台，烘焙纸1张，牙签1根

做法：

1　将低筋面粉、奶粉、可可粉倒在案台上，
用刮板开窝，倒入蛋白、糖粉搅匀，加入
黄奶油与混合好的低筋面粉拌匀，揉成光
滑的面团，并擀成约0.5厘米厚的面皮。

2　用模具在面皮上压出圆形饼坯，去掉边角
料后放进铺有烘焙纸的烤盘，放入预热好
的烤箱里，以上下火均为170℃烤15分钟
至熟。

3　将白奶油倒入大碗中，用电动搅拌器打发
均匀，分次加入牛奶快速搅匀，制成馅
料，装进裱花袋，取出烤好的饼干，将白
巧克力液装入裱花袋中，剪开一个小口。

4　把饼干放在白纸上，将馅料挤在其中一半
饼干上，把剩余的一半饼干蘸上黑巧克力
液，盖在有馅的饼干上。

5　以画圆圈的方式把白巧克力液挤在饼干
上，用牙签将白巧克力液画出花纹，把制
作好的饼干装入盘中即可。

冰镇仙草奶茶

材料: 仙草冻80克，白糖20克，牛奶150毫升，红茶
包1包，开水150毫升

工具: 杯子1个，保鲜膜适量，玻璃杯1个

做法:

Step One
往玻璃杯里的开水中放入红茶包，浸泡3分钟成红茶水。

Step Two
取一个杯子，倒入红茶水，加入牛奶，放入白糖，搅拌
至白糖溶化。

Step Three
加入仙草冻，封上保鲜膜，放入冰箱冷藏30分钟。

Step Four
取出冰镇好的奶茶，撕开保鲜膜即可。

小雨说

白糖可用炼奶替换，可增加
香滑的口感。

心有灵犀的滋味

＼香草饼干 vs 鸳鸯奶茶 ／

香草饼干

材料:

黄奶油60克

糖粉25克

盐3克

低筋面粉110克

香草粉7克

莳萝草末、迷迭香末各适量

工具:

刮板1个，刀、叉子、量尺各1把，擀面杖1根，高温布1块，烤箱1台，盘子1个

做法:

1 将低筋面粉倒在案台上，加入莳萝草末、迷迭香末、香草粉、糖粉。

2 用刮板开窝，加入盐、黄奶油，将材料拌匀，揉搓成光滑的面团，并擀成约0.5厘米厚的面皮。

3 用刀把面皮两侧切齐整，切成长方块，再改切成8等份的小块，制成饼坯，用叉子在生坯上扎小孔。

4 再用刀切成小方块，把生坯放入铺有高温布的烤盘里，放入预热好的烤箱里。

5 关上箱门，以上下火均为170℃烤15分钟至熟。

6 打开箱门，取出烤好的饼干，装入盘中即可。

小雨说

当用叉子在生坯上扎小孔时，要尽量整齐些哦，这样可使成品的外观更佳。

鸳鸯奶茶

材料： 速溶咖啡1袋，红茶包1包，牛奶100毫升，白糖少许

工具： 茶杯1个，咖啡杯1个

———————— **做法：** ————————

Step One
取一个茶杯，放入红茶包，注入适量开水。

Step Two
按压一会儿，泡约3分钟，至茶水呈红色。

Step Three
取出红茶包，倒入备好的牛奶，拌匀，待用。

Step Four
另取一个咖啡杯，倒入速溶咖啡，搅拌一会儿，至咖啡粉溶化。

Step Five
将泡好的咖啡倒入茶杯中，加入白糖，拌匀，趁热饮用即可。

慵懒的挑逗

\ 猫舌饼 vs 香醇玫瑰奶茶 /

猫舌饼

材料:

低筋面粉130克
黄奶油83克
糖粉130克
蛋白100克

工具:

大碗、电动搅拌器、裱花袋
各1个,剪刀1把,烘焙纸1
张,烤箱1台,盘子1个

做法:

1 将黄奶油、糖粉倒入大碗中,用
  电动搅拌器打发均匀。

2 分三次倒入蛋白,搅拌均匀,放
  入低筋面粉,继续搅拌成糊状。

3 将面糊装入裱花袋中,在尖端部
  位剪开一个小口,在铺有烘焙纸
  的烤盘上横向挤入面糊。

4 将烤盘放入烤箱中,以上下火均
  为180℃烤约18分钟至熟。

5 从烤箱中取出烤盘,将烤好的饼
  干装入盘中即可。

小雨说

还可以根据自己的喜好,在
这款饼干中加入咖啡粉或可
可粉,口感也很好哦。

香醇玫瑰奶茶

材料： 玫瑰花15克，红茶包1包，牛奶100毫升，蜂蜜少许

工具： 茶杯1个，锅1个

———————— **做法：** ————————

Step One
锅中注入适量清水烧开，放入洗净的玫瑰花，用大火略煮。

Step Two
放入备好的红茶包，拌匀，用中火煮出淡红的颜色。

Step Three
倒入牛奶，拌匀，用大火煮至沸腾。

Step Four
关火后盛出煮好的奶茶，装入杯中，加入少许蜂蜜，拌匀即可。

美味蛋糕 & 浓香咖啡

甜甜的蛋糕，配上香浓的咖啡，冲去一份甜腻，带来一份香甜。在难得的下午茶时光里，品着咖啡的香味，感受着这份时光的美好。哪怕只是一个人，也能好好地品味TEA TIME的乐趣。

Part

3

满满都是爱

\北海道戚风蛋糕 vs 咖啡新冰乐/

北海道戚风蛋糕

材料：

蛋糕坯

低筋面粉75克

泡打粉2克

细砂糖115克

色拉油40毫升

蛋黄75克

牛奶30毫升

蛋白150克

塔塔粉2克

蛋糕馅

鸡蛋1个

牛奶150毫升

细砂糖30克

低筋面粉10克

玉米淀粉7克

淡奶油100克

工具：

刮板、电动搅拌器、裱花袋、盘子各1个，玻璃容器3个，剪刀1把，蛋糕纸杯4个，烤箱1台

做法：

1 将细砂糖、蛋黄倒入玻璃容器中拌匀，加入低筋面粉、泡打粉拌匀；倒入牛奶拌匀，再倒入色拉油拌匀。

2 另置一个玻璃容器，加入蛋白、塔塔粉进行搅拌，用刮板将食材刮入先前的玻璃碗中，搅拌均匀。

3 再准备一个玻璃容器，在容器中倒入鸡蛋、细砂糖，并将其用电动搅拌器打发起泡。

4 加入低筋面粉、玉米淀粉，然后倒入淡奶油、牛奶拌匀制成馅料，放置一旁待用。

5 将拌好的食材刮入蛋糕纸杯中，约至六分满，然后将蛋糕纸杯放入烤盘中，再移入烤箱中准备烘烤。

6 以上火180℃、下火160℃烤约15分钟至熟，取出烤好的蛋糕。

7 将拌好的馅料装入裱花袋中，压匀后用剪刀剪出小孔。把馅料挤在蛋糕表面，完成后装盘即可。

咖啡新冰乐

材料： 牛奶100毫升，开水100毫升，冰块适量，蜂蜜
20克，咖啡粉20克，可可粉10克

工具： 保鲜膜适量，杯子2个，勺子1个

—————————— 做法： ——————————

Step One
将备好的开水装在杯中，放入咖啡粉，拌匀。

Step Two
加入可可粉，用勺子搅拌一会儿，加入牛奶与蜂蜜搅
拌均匀。

Step Three
另取一个干净的玻璃杯，倒入调好的咖啡液。

Step Four
用保鲜膜封住杯口，冷藏约30分钟。

Step Five
取出冷藏好的冰咖啡，去除保鲜膜，放入冰块即可。

醇厚口感混合花香气息，你
沉醉了吗？如果感觉咖啡味
偏苦，可加入少许蜂蜜中和
咖啡的苦味。

异国风味的茶点
＼维也纳蛋糕 vs 雪顶咖啡／

维也纳蛋糕

材料：

鸡蛋200克

蜂蜜20克

低筋面粉100克

细砂糖170克

奶粉10克

朗姆酒10毫升

黑巧克力液、白巧
克力液各适量

工具：

电动搅拌器、刮板、玻璃
碗各1个，裱花袋2个，剪
刀、蛋糕刀各1把，烤箱1
台，烘焙纸1张

做法：

1 将鸡蛋、细砂糖倒入玻璃碗中，用电动搅
拌器快速拌匀；在低筋面粉中倒入奶粉混
合，搅拌均匀。

2 倒入朗姆酒拌匀，加入蜂蜜拌匀，制成蛋
糕浆，倒入铺有烘焙纸的烤盘中，用刮板
抹平，将烤盘放入预热好的烤箱中，以上
下火均为170℃烤20分钟后取出。

3 在案台上铺一张烘焙纸，将烤盘倒扣在烘
焙纸一端，撕去粘在蛋糕底部的烘焙纸，
将蛋糕翻面，把蛋糕四周切整齐，把黑巧
克力液与白巧克力液分别装入裱花袋中。

4 在装有白巧克力液的裱花袋尖端部位剪一
个小口，在蛋糕上斜向挤上白巧克力液。

5 在装有黑巧克力液的裱花袋尖端部位剪一
个小口，沿着已经挤好的白巧克力液，挤
上黑巧克力液。

6 巧克力凝固后，将蛋糕切成长方块即可。

雪顶咖啡

材料： 速溶咖啡粉10克，冰激凌球2个，开水200毫升，冰块适量

工具： 保鲜膜适量，杯子1个，勺子1个

做法：

Step One
取一个空杯，倒入速溶咖啡粉，然后加入开水，用勺子搅拌均匀。

Step Two
把咖啡放凉后封上保鲜膜，放入冰箱冷藏30分钟。

Step Three
取出冷藏好的咖啡，撕去保鲜膜。

Step Four
在咖啡中加入冰块，再放入冰激凌球即可。

小雨说

咖啡配上香甜顺滑的冰激凌，既提神又解馋。还可以在杯中多加些冰块，以减慢冰激凌融化的速度。

无法抵挡的香气

＼可可戚风蛋糕 vs 牛奶蜂蜜冰咖啡／

可可戚风蛋糕

材料：

蛋白浆部分
细砂糖95克
鸡蛋3个（只取蛋白）
泡打粉2克

蛋黄糊部分
鸡蛋3个（只取蛋黄）
色拉油30毫升
低筋面粉60克
玉米淀粉50克
塔塔粉2克
细砂糖30克
清水30毫升
可可粉15克
打发的鲜奶油40克

工具：

电动搅拌器、搅拌器、刮
板、盘子各1个，擀面杖1
根，蛋糕刀1把，烤箱1台，
烘焙纸2张，玻璃碗2个

做法：

1　将清水、细砂糖、低筋面粉、玉米淀
粉倒入玻璃碗中用搅拌器搅拌片刻，
倒入色拉油拌匀；加入塔塔粉、可可
粉拌匀，再加入蛋黄，搅拌成糊。

2　另置一个玻璃碗倒入蛋白，用电动搅
拌器快速打发至发白，放入细砂糖拌匀
后加入泡打粉快速打发至呈鸡尾状。

3　用刮板将一半的蛋白浆倒入拌好的蛋
黄糊中拌匀，倒入剩余的蛋白浆拌匀后
将材料倒入铺有烘焙纸的烤盘中抹平。

4　把烤盘放入烤箱，以上火180℃、下
火160℃烤20分钟至熟，取出烤好的
蛋糕，将其翻转过来，倒在另一张烘
焙纸上，撕下粘在蛋糕上的烘焙纸。

5　在蛋糕上均匀地抹上鲜奶油，用擀面
杖将烘焙纸卷起，把蛋糕卷成圆筒
状，然后将烘焙纸抽出。

6　用刀切除蛋糕两边不平整的部位，再
将其切成四等份，装入盘中即可。

牛奶蜂蜜冰咖啡

材料： 咖啡150毫升，牛奶100毫升，打发的鲜奶油
30克，蜂蜜20克

工具： 杯子1个，勺子1个，保鲜膜适量

———————— 做法：————————

Step One
准备一个空杯，倒入牛奶。

Step Two
加入咖啡并用勺子搅拌均匀，再加入蜂蜜拌匀。

Step Three
在杯口上封上保鲜膜。

Step Four
将调好的咖啡放入冰箱冷藏30分钟。

Step Five
取出冰镇好的咖啡，撕开保鲜膜。

Step Six
将打发好的鲜奶油均匀覆盖在咖啡上，完成奶盖即可。

咖啡味苦，天然蜂蜜对于这
种苦味的遮盖力不强，不喜
欢苦味过重的人可以适当加
入一些白糖。

停不下来的美味

＼蔓越莓玛芬蛋糕 vs 椰奶咖啡／

蔓越莓玛芬蛋糕

材料：

低筋面粉100克
泡打粉6克
鸡蛋20克
牛奶80毫升
色拉油30毫升
蔓越莓酱40克
细砂糖少许
盐少许

工具：

裱花袋1个，剪刀1把，蛋糕
纸杯4个，电动搅拌器1个，
烤箱1台，玻璃容器1个，盘
子1个

做法：

1　将细砂糖、鸡蛋倒入玻璃容器中，用电动
搅拌器搅拌至砂糖溶化。

2　加入泡打粉，搅拌匀，撒上盐，拌匀。

3　倒入低筋面粉，拌匀，再分多次倒入牛
奶，拌匀。

4　最后倒入色拉油，一边倒一边搅拌，使材
料充分融合。

5　加入备好的蔓越莓酱，拌匀，至材料成细
滑的面糊，待用。

6　将拌好的面糊装入裱花袋中。

7　收紧袋口，在袋底剪出一个小孔。

8　把面糊挤入纸杯中，至六分满，制成蛋糕
生坯，将烤箱预热，然后放入蛋糕生坯。

9　以上下火均为200℃的温度烤约15分钟至
熟，取出烤好的蛋糕装盘即可。

椰奶咖啡

材料：速溶咖啡粉20克，白糖20克，开水150毫升，
椰奶80毫升，冰块适量
工具：保鲜膜适量，杯子2个，勺子1个

做法：

Step One
取一个杯子，倒入速溶咖啡粉和开水，用勺子将其搅
拌均匀，放凉。

Step Two
再取一个空杯，倒入放凉的咖啡，加入椰奶、白糖，
搅拌均匀。

Step Three
在杯口封上保鲜膜，放入冰箱冷藏30分钟。

Step Four
取出冷藏好的咖啡，揭开保鲜膜，放入冰块即可。

这款咖啡味道浓醇，冰镇后更
提神，尤其适合消耗精力过多
的上班族食用。椰奶本身有甜
味，可减少白糖的用量。

小杯的乐趣

\\ 木糠蛋糕 vs 摩卡咖啡 /

木糠蛋糕

材料:

打发鲜奶油200克

炼乳60克

饼干碎末120克

可可粉适量

工具:

杯子1个,电动搅拌器1个,
玻璃碗1个,漏网1个

做法:

1 取一个玻璃碗,倒入已经打发好
的鲜奶油。

2 加入炼乳,用电动搅拌器搅拌均
匀,制成蛋糕浆。

3 取一个空杯,铺一层饼干碎末,
然后铺一层蛋糕浆。

4 根据自家杯子的容量重复以上的
步骤数次,最后用一层饼干碎末
封顶。

5 用小漏网将可可粉过滤在饼干碎
末上,放入冰箱冷冻30分钟至
定型。

6 取出冻好的蛋糕即可。

小雨绵

木糠蛋糕是一道冷冻甜品,
它入口即溶,甜而不腻,很
受大众欢迎。

摩卡咖啡

材料： 咖啡100毫升，牛奶100毫升，可可粉20克，打发鲜奶油50克，冰块适量

工具： 保鲜膜适量，勺子1个，杯子1个

—— 做法： ——

Step One
把可可粉倒入杯中，注入牛奶，用勺子搅匀。

Step Two
倒入咖啡，搅拌至可可粉完全溶化。

Step Three
再用保鲜膜封好杯口，冷藏约30分钟。

Step Four
取出冷藏好的冰咖啡，撕去保鲜膜。

Step Five
再加入备好的冰块放上，铺上打发好的鲜奶油即可。

泛着淡淡酸味的甜品

＼酸奶芝士蛋糕 vs 焦糖玛奇朵／

酸奶芝士蛋糕

材料:

蛋糕馅   **蛋糕坯**
芝士120克   饼干80克
酸奶120克   黄奶油40克
黄奶油10克
鸡蛋2个（分别取蛋黄、蛋白）
中筋面粉20克
玉米淀粉10克
白糖40克

工具:

电动搅拌器、搅拌器、盘子、圆形模具、玻璃碗、勺子各1个，擀面杖1根，烤箱1台，锅1个

做法:

1 把饼干装入玻璃碗中，用擀面杖捣碎，然后加入黄奶油，用搅拌器搅拌均匀后装入圆形模具中，用勺子压实、压平。

2 将酸奶倒入锅中，加入黄奶油，搅拌均匀，在锅中加入芝士，充分拌匀。

3 倒入玉米淀粉、中筋面粉，搅拌均匀，加入蛋黄，搅拌均匀，制成芝士糊。

4 将蛋白倒入碗中，加入白糖，用电动搅拌器快速搅拌，打发至呈鸡尾状，把芝士糊倒入蛋白中，拌匀，制成蛋糕馅。

5 把蛋糕馅装入放有蛋糕坯圆形模具中，放入预热好的烤箱中，以上下火均为160℃烤15分钟至熟。烤好后取出蛋糕，脱模后装盘即可。

可根据个人口味增减酸奶的用量。

焦糖玛奇朵

材料： 黑咖啡70毫升，牛奶70毫升，清水15毫升，细砂糖40克，
淡奶油100克

工具： 锅1个，勺子1个，咖啡杯1个，打泡器1个，裱花袋1个

—————— 做法： ——————

Step One
在热锅中倒入细砂糖和清水，以小火将细砂糖熬至焦黄色，关火待用。

Step Two
另置一个锅，将淡奶油加热至温热状态，再倒入熬好的焦糖，边倒边用
勺子搅拌，制成焦糖浆。

Step Three
在咖啡杯中加入黑咖啡和10克焦糖浆进行搅拌。

Step Four
将牛奶加热到温热的状态，用打泡器打出绵软的泡沫。

Step Five
把奶泡用勺子捞出，铺在咖啡表层上，将剩下的10克焦糖浆放入裱花袋
中，在奶泡上挤出花纹即可。

诱人的芒果滋味

\ 芒果千层蛋糕 vs 挂耳咖啡 /

芒果千层蛋糕

材料：

低筋面粉80克

牛奶250毫升

打发的鲜奶油200克

水60毫升

白糖60克，鸡蛋2个

黄油40克，鱼胶粉20克

芒果丁150克，食用油适量

做法：

1 将鸡蛋、10克白糖倒入玻璃碗用搅拌器拌匀，倒入低筋面粉、牛奶拌匀，加入黄油拌匀制成面糊。

2 煎锅注油烧热，倒入部分面糊摊平加热，制成一片薄煎饼装盘。将剩余的面糊依次煎出6块薄饼。

3 将奶锅置于灶上，倒入清水用小火加热，倒入鱼胶粉搅拌片刻，倒入50克白糖拌匀，倒入鲜奶油快速拌匀，制成慕斯液装入碗中。

4 在盘中铺一层面饼，盛入适量慕斯液摊匀，撒上适量的芒果丁，再盖上一层面饼，撒上适量的芒果丁，再盖上一层面饼。

5 放入冰箱冷藏半小时使其定型。待完全凝固将蛋糕取出即可。

工具：

玻璃碗、搅拌器、煎锅、铲子、奶锅各1个

小雨说

煎饼的时候一定要注意火候，以免煎煳。

挂耳咖啡

材料：挂耳咖啡1包，开水适量

工具：杯子1个

——————— **做法：** ———————

Step One
撕开咖啡包，将过滤纸袋两边的挂耳拉开，挂在杯沿上。

Step Two
依据个人口味将开水注入咖啡中。

Step Three
过滤完后，将咖啡过滤纸袋取出即可饮用。

软软的，好可爱

＼ 贝壳蛋糕 vs 棉花糖咖啡 ／

贝壳蛋糕

材料:

鸡蛋250克　　盐2克

砂糖150克　　中筋面粉150克

可可粉25克　　鲜牛奶40毫升

泡打粉2克　　色拉油80毫升

蛋糕油10克

工具:

电动搅拌器、不锈钢盆、裱花袋各1个,烤箱1台,蛋糕模具若干个

做法:

1 将鸡蛋和砂糖放入盆中混合,打发至砂糖完全溶化,呈泡沫状。

2 加入可可粉、中筋面粉、泡打粉、蛋糕油、盐,先慢后快打发至原来体积的3倍。

3 倒入鲜牛奶,再次拌匀,慢慢加入色拉油至完全拌匀。

4 装入裱花袋中,挤入扫了油的蛋糕模具内,装至十分满。

5 然后放入已经预热的烤箱中,以150℃的炉温,烘烤约25分钟。

6 取出烤好的蛋糕脱模即可。

小雨说

可依个人口味,适量增减可可粉的用量。

棉花糖咖啡

材料： 浓缩咖啡适量，牛奶250毫升，棉花糖适量

工具： 杯子1个，咖啡机1台

—————————— 做法： ——————————

Step One
用咖啡机煮制浓缩咖啡。

Step Two
把煮好的咖啡倒入杯子中。

Step Three
在杯子中放入棉花糖。

Step Four
加热牛奶，把热牛奶倒入咖啡之中混合，即可饮用。

醇香四溢的下午茶

\紫薯冻芝士蛋糕 vs 拿铁咖啡 /

紫薯冻芝士蛋糕

材料:

紫薯泥200克

奶油芝士180克

牛奶70毫升

白糖50克

黄油30克

奥利奥饼干碎末70克

明胶粉10克

做法:

1 将奥利奥饼干碎末、黄油倒入玻璃空碗中拌匀，倒入蛋糕模具中，用勺子按压平整，待用。

2 奶油芝士倒入奶锅中，以小火将奶油芝士搅拌至熔化后加入牛奶拌匀，再放入白糖搅拌至溶化。

3 关火，放入明胶粉搅拌至溶化，倒入紫薯泥，搅拌至均匀，制成蛋糕浆。

4 取出装有黄油饼干碎的蛋糕模具，加入蛋糕浆。

5 将蛋糕放入冰箱冷冻30分钟至成形，取出冻好的蛋糕，脱模装盘即可。

工具:

玻璃碗2个，勺子、蛋糕模具、搅拌器、奶锅、盘子各1个

小雨说

紫薯拥有自然的香甜味，如果喜欢这种自然的薯甜味，可以适量减少白糖的用量。

拿铁咖啡

材料：意式浓缩咖啡适量，牛奶150毫升，可可粉适量

工具：咖啡机1个，咖啡杯1个，打泡器1个

───────── 做法： ─────────

Step One

将咖啡粉放入咖啡机中，加入适量的清水，将咖啡煮好。

Step Two

将牛奶温热。

Step Three

把大部分温好的牛奶（余下的牛奶待用）与咖啡，倒入杯中。

Step Four

用打泡器把余下的牛奶打出奶泡，倒入咖啡杯中，再在奶泡表层撒

上适量的可可粉即可。

惬意的午茶 "食" 光

＼浓情布朗尼 vs 爱尔兰咖啡／

浓情布朗尼

材料:

巧克力液70毫升	黄油85克
高筋面粉35克	鸡蛋1个
核桃碎35克	香草粉2克
细砂糖适量	盐少许

工具:

长柄刮板、电动搅拌器、玻璃容器各1个，长方形模具3个，刷子1把，烤箱1台

做法:

1 将细砂糖、黄油（留少许待用）倒入容器中，搅拌均匀。

2 加入鸡蛋，搅散，撒上香草粉拌匀后，再倒入高筋面粉、盐、拌匀。

3 注入巧克力液，拌匀，然后倒入核桃碎，将其搅拌至材料充分融合，放置一旁待用。

4 取出备好的模具，在内壁刷上一层黄油。

5 倒入拌好的材料，将其铺平摊匀至六分满，即成生坯。

6 烤箱预热，放入生坯。以上下火均为190℃的温度烤约25分钟，至食材熟透。

7 蛋糕烤好后，放凉脱模，摆在盘中即可。

模具内的黄油最好刷得均匀一些，这样脱模时会更方便。

爱尔兰咖啡

材料： 浓缩咖啡适量，水适量，威士忌酒适量，白砂糖5克，打发好的淡奶油适量

工具： 杯子1个，碗1个，勺子1个

———————— **做法：** ————————

Step One
在碗中倒入白砂糖、威士忌酒，将其加热至白砂糖溶化。

Step Two
将煮好的威士忌酒倒入杯子中待用。

Step Three
将水煮开后，加入浓缩咖啡冲泡，然后倒入杯子中用勺子拌匀。

Step Four
将打发好的淡奶油挤在咖啡上即可。

酥香的味道
\ 酥樱桃蛋糕 vs 花茶冰咖啡 /

酥樱桃蛋糕

材料:

黄油125克	糖粉50克
低筋面粉70克	鸡蛋1个
泡打粉2.5克	樱桃85克
高筋面粉25克	细砂糖25克
盐1克	

工具:

长方形模具3个,刷子1把,烤箱1台,玻璃碗1个,玻璃容器1个

做法:

1 将细砂糖、25克黄油倒入玻璃碗中拌匀,加入高筋面粉拌匀,即成酥皮。

2 将糖粉、100克黄油倒入玻璃容器中,拌匀,加入鸡蛋搅散,撒上盐拌匀。

3 倒入泡打粉,拌匀,然后放入低筋面粉,搅拌均匀,至材料呈糊状,即成蛋糕体生坯。

4 取备好的模具,内壁刷上一层黄油,倒入蛋糕体生坯,摊开,至三分满,再撒上少许洗净的樱桃。

5 最后再盖上适量的酥皮馅,铺匀摊开,至七八分满,即成蛋糕生坯。

6 将烤箱预热,放入生坯,以上下火均为170℃烤约20分钟至熟,蛋糕烤好后,放凉脱模,摆在盘中即可。

小雨说

制作酥皮时一定要充分拌匀,这样成品的口感才会酥脆。

花茶冰咖啡

材料： 开水200毫升，干玫瑰花、桂花各适量，速溶
咖啡粉20克

工具： 保鲜膜适量，勺子1个，杯子2个

— 做法： —

Step One
在开水杯中放入干玫瑰花、桂花，用勺子搅拌均匀，待其冷却。

Step Two
取一空杯，倒入咖啡粉，再放入放凉的花茶，拌匀。

Step Three
在杯子上覆上一层保鲜膜，放入冰箱冷藏30分钟。

Step Four
取出冷藏好的冰咖啡，揭开保鲜膜即可饮用。

沁凉的美味甜点

蓝莓冻芝士蛋糕 vs 卡布奇诺

蓝莓冻芝士蛋糕

材料:

饼干碎80克

吉利丁片15克

牛奶100毫升

黄奶油40克

植物鲜奶油150克

芝士250克

细砂糖60克

蓝莓适量

工具:

刮板1个，勺子1个，搅拌器1个，圆形模具1个，玻璃碗1个，奶锅1个，盘子1个

做法:

1 将黄奶油和饼干碎倒进玻璃碗，将其搅拌均匀，制成黄油饼干。把吉利丁片浸在凉开水中泡软待用。

2 将奶锅置火上，倒入牛奶、植物鲜奶油、芝士和细砂糖，搅拌均匀。

3 放入泡软的吉利丁片拌匀，用小火煮至溶化，制成芝士奶油，关火。

4 取出备好的模具，倒入黄油饼干，将其铺开，用力填实压平。

5 再倒入煮好的芝士奶油，至七八分满，撒上备好的蓝莓，置于冰箱中冷冻约1小时。

6 取出冻好的材料，慢慢地脱去模具，将做好的成品摆放在盘中，即可食用。

小雨说

吉利丁片可用温开水泡软，这样能节省制作的时间；蛋糕表面还可以用蓝莓果粒装饰，做成个人喜欢的图案。

卡布奇诺

材料： 咖啡液100毫升，打发鲜奶油100克，肉桂粉少许，牛奶150
毫升

工具： 保鲜膜适量，杯子2个，勺子1个

———————————— **做法：** ————————————

Step One
将咖啡液装在杯中，倒入牛奶，搅拌一会儿，使二者完全融合。

Step Two
再盖上保鲜膜，封好杯口，放入冰箱冷藏30分钟。

Step Three
取出冷藏好的牛奶咖啡，去除保鲜膜，待用。

Step Four
另取一干净的杯子，倒入冷藏好的牛奶咖啡。

Step Five
最后铺上打发的鲜奶油，撒上备好的肉桂粉即成。

至爱的白色甜品
＼草莓牛奶慕斯蛋糕 vs 抹茶拿铁／

草莓牛奶慕斯蛋糕

材料：

鲜奶油260克

牛奶150毫升

蛋糕坯1片

切半草莓150克

蛋黄25克

明胶粉10克

白糖30克

工具：

蛋糕模具1个，搅拌器1个，奶锅1个，玻璃碗1个，盘子1个

做法：

1 在奶锅中倒入牛奶，用小火微微加热，再加白糖，将其搅拌至溶化。

2 放入明胶粉，搅拌至溶化，关火，倒入蛋黄，搅拌均匀。

3 倒入已经打发好的鲜奶油，搅拌均匀，制成蛋糕浆，将蛋糕浆倒入玻璃碗中待用。

4 取出已放入蛋糕坯的蛋糕模具，再倒入一半蛋糕浆。

5 将切半的草莓沿着模具壁一圈摆放整齐，切面向外，再倒入剩余的蛋糕浆。

6 把蛋糕放入冰箱冷冻30分钟至成形，取出冻好的蛋糕，将其脱模，把脱模好的蛋糕装盘即可。

小·西娘

蛋糕浆倒进模具中后可以在桌面上轻轻敲一下，用以震平蛋糕浆，使冻出来的蛋糕表面更平滑、好看。

抹茶拿铁

材料： 咖啡粉10克，抹茶粉15克，牛奶120毫升，奶泡5克

工具： 咖啡机1台，杯子2个，奶锅1个

— **做法：** —

Step One
将咖啡粉放入咖啡机冲泡，然后倒入杯中。

Step Two
把牛奶、抹茶粉倒入奶锅中微微加热，再将其与奶泡一起倒入咖啡杯中即可。

甜蜜的闲暇时刻

\红豆蛋糕 vs 花式咖啡/

红豆蛋糕

材料:

红豆粒60克
蛋白150克
细砂糖140克
玉米淀粉90克
色拉油100毫升

做法:

1 将蛋白、细砂糖倒入玻璃碗中，用电动搅拌器快速拌匀至起泡。

2 另取一个玻璃碗，倒入色拉油、玉米淀粉，搅拌成面糊，倒入适量打发好的蛋白拌匀。

3 将拌匀的材料倒入剩余的蛋白部分中拌匀，制成蛋糕浆。

4 在烤盘上铺一张烘焙纸，倒入备好的红豆粒铺匀，再倒入蛋糕浆抹匀，然后把蛋糕放入烤箱，以上下火均为160℃烤20分钟至熟。

5 取出烤好的蛋糕，倒扣在铺有烘焙纸的案台上，撕掉蛋糕底部烘焙纸后盖上新烘焙纸，将蛋糕翻面，用刀切成均等的小长方块。

6 将蛋糕有红豆的一面朝上，装入盘中即可。

工具:

电动搅拌器1个，搅拌器1个，长柄刮板1个，蛋糕刀1把，烤箱1台，玻璃碗2个，烘焙纸2张，盘子1个

小雨说

可以先将红豆碾成泥，这样吃起来口感更细腻。

花式咖啡

材料：咖啡粉10克，牛奶150毫升，巧克力酱适量，热水适量

工具：杯子1个，奶锅1个，打泡器1个

———————— 做法： ————————

Step One
把咖啡粉倒入杯中，用热水冲泡。

Step Two
将牛奶倒入奶锅微微加热。

Step Three
把加热后的牛奶倒入打泡器中打泡。

Step Four
将奶泡倒入咖啡杯中，用巧克力酱在奶泡表层画出自己喜欢的花样

即可。

别样的异域搭配

＼摩卡蛋糕 vs 夏威夷咖啡／

摩卡蛋糕

材料:

低筋面粉100克

鸡蛋230克

纯牛奶30毫升

色拉油30毫升

细砂糖150克

可可粉5克

咖啡粉2克

打发的鲜奶油适量

做法:

1 将鸡蛋、细砂糖倒入玻璃碗中,用电动搅拌器快速打发至起泡。

2 将低筋面粉、咖啡粉、可可粉混合后倒入打发鸡蛋的玻璃碗中,快速拌匀后边加纯牛奶边搅拌。

3 加入色拉油快速拌匀,制成蛋糕浆,倒入铺有烘焙纸的烤盘中,抹匀震平,放入预热好的烤箱中以上下火均为170℃烤20分钟至熟。

4 取出蛋糕倒扣在铺有烘焙纸的案台上,撕去粘在蛋糕底部的烘焙纸,倒入打发好的鲜奶油抹匀。

5 卷起烘焙纸将蛋糕卷成卷,待其定型后打开纸,用蛋糕刀将蛋糕切成均等的小段,装盘即可。

工具:

三角铁板、电动搅拌器、玻璃碗、盘子各1个,蛋糕刀1把,烤箱1台,烘焙纸2张

小而绕

卷好的蛋糕可放入冰箱冷冻一会儿,这样更方便定型。

夏威夷咖啡

材料： 咖啡粉1包，鲜奶油适量，薄荷酒少许，热水适量

工具： 杯子1个

—————————— 做法： ——————————

Step One
将咖啡粉倒入热水中冲泡。

Step Two
把泡好的咖啡倒入空杯中，再在咖啡上挤上适量的鲜奶油。

Step Three
在鲜奶油上淋上薄荷酒即可。

难以忘怀的法式浪漫

＼舒芙蕾 vs 玫瑰咖啡／

119

舒芙蕾

材料：

细砂糖50克
蛋黄45克
淡奶油40克
芝士250克
玉米淀粉25克
蛋白110克
塔塔粉2克
糖粉适量

工具：

电动搅拌器1个，刮板1个，勺子1个，滤网1个，模具2个，烤箱1台，奶锅1个，玻璃碗2个

做法：

1 将一半细砂糖、淡奶油倒进奶锅，小火煮至砂糖溶化，加芝士搅拌至其溶化后关火；再将蛋黄、玉米淀粉倒入玻璃碗中拌匀，倒入已经煮好的材料充分搅拌，放置一旁待用。

2 将蛋白、塔塔粉、余下的细砂糖倒入空碗中，拌匀后打发至鸡尾状，用刮板刮入先前的碗中，搅拌均匀后倒入备好的模具杯中，约至八分满。

3 将模具杯放入注有少许清水的烤盘中，将烤盘放入烤箱，以上下火均为180℃烤约30分钟，至熟取出，放入盘中。

4 准备好滤网，将糖粉过滤到舒芙蕾上，稍微放凉后食用即可。

小雨说

烤盘中不要加入太多的水，能覆盖住底面即可。

120

玫瑰咖啡

材料：糖包1包，热咖啡1杯，鲜奶油适量，玫瑰花瓣2片

工具：咖啡杯1个，裱花袋1个，电动搅拌器1个

——————— **做法：** ———————

Step One
将糖倒入咖啡杯中，再倒入热咖啡。

Step Two
将鲜奶油打发后装入裱花袋中。

Step Three
在咖啡上挤上鲜奶油，做出玫瑰花状，再放上备好的玫瑰花瓣
即可。

甜而不腻的味道

栗子蛋糕 vs 杏仁咖啡

栗子蛋糕

材料：

蛋白140克　　　色拉油30毫升

塔塔粉30克　　　细砂糖140克

蛋黄70克　　　　泡打粉2克

低筋面粉70克　　栗子馅适量

玉米淀粉55克　　香橙果酱适量

纯净水30毫升

工具：

长柄刮板、电动搅拌器、搅拌器、裱花袋各1个，碗2个，蛋糕刀1把，烘焙纸1张，烤箱1台

做法：

1 将蛋黄、30克细砂糖倒入碗中拌匀，加入低筋面粉、玉米淀粉、泡打粉，拌匀后加入纯净水、色拉油搅拌均匀。

2 把蛋白、110克细砂糖、塔塔粉倒入空碗，用电动搅拌器打发至鸡尾状，刮入先前的碗中拌匀，倒入铺有烘焙纸的烤盘中，约八分满，将烤盘放入烤箱，以上火180℃、下火160℃烤约20分钟至熟，取出。

3 将蛋糕边缘刮松，倒在铺开的烘焙纸上，撕下蛋糕上的烘焙纸后翻面摆好，抹上香橙果酱后把蛋糕制成卷状，静置定型切去两端。

4 把栗子馅装入裱花袋中挤在蛋糕上，最后将蛋糕切开装盘即可。

抹香橙果酱时，不要抹得太厚，以免影响蛋糕的口感。

杏仁咖啡

材料： 热咖啡1杯，砂糖少许，白兰姆酒少
许，炒杏仁碎片少许

工具： 杯子1个，勺子1个

———————— 做法： ————————

Step One
备好一杯热咖啡。

Step Two
在热咖啡中倒入砂糖，搅拌至砂糖溶化。

Step Three
在杯中倒入白兰姆酒。

Step Four
在咖啡中放入炒杏仁碎片即可。

可可的诱惑

巧克力玛芬蛋糕 vs 柠檬咖啡

巧克力玛芬蛋糕

材料:

糖粉160克

鸡蛋220克

低筋面粉270克

牛奶40毫升

盐3克

泡打粉8克

熔化的黄奶油150克

可可粉8克

工具:

电动搅拌器1个，纸杯数个，裱花袋1个，剪刀1把，玻璃碗1个，筛子1个，烤箱1台

做法:

1 将鸡蛋、糖粉、盐倒入玻璃碗中，用电动搅拌器拌匀，倒入熔化的黄奶油，搅拌均匀。

2 将低筋面粉、泡打粉过筛至碗中用电动搅拌器拌匀，在碗中倒入牛奶并不停地搅拌，制成面糊。

3 取适量的面糊，加入可可粉，用电动搅拌器拌匀后装入裱花袋。

4 把蛋糕纸杯放入烤盘中，在裱花袋尖端部位剪开一个小口，然后将面糊挤入纸杯内，至七分满。

5 将烤盘放入烤箱中，以上火190℃、下火170℃烤20分钟至熟，蛋糕烤好后，取出即可。

小雨说

面糊挤入模具中以七分满为宜，不能太多，否则容易溢出来。

柠檬咖啡

材料： 美式拿铁咖啡1杯，柠檬片1片，石榴
糖浆适量

工具： 咖啡杯1个

— 做法： —

Step One
准备美式拿铁咖啡一杯。

Step Two
将石榴糖浆倒入咖啡中。

Step Three
再把柠檬片半浸泡于咖啡中即可饮用。

缤纷甜点 & 多彩果汁

缤纷的甜点，配上多彩的果汁，或一人，或三五人，在自家小院里品着下午茶，独享或分享这份悠闲美好的静谧时光，品味幸福的滋味，感受生活的惬意，诚为人生乐事。

Part

4

迎面来袭的果香

＼苹果派 vs 彩虹果汁／

苹果派

材料:

派皮

细砂糖5克

低筋面粉200克

牛奶60毫升

黄奶油100克

杏仁奶油馅

黄奶油50克

细砂糖50克

杏仁粉50克

鸡蛋1个

苹果1个

蜂蜜适量

草莓适量

盐水适量

工具:

刮板、搅拌器、盘子、玻璃容器、派皮模具、刷子各1个，保鲜膜1张，烤箱1台

做法:

1　将低筋面粉倒在操作台上，用刮板开窝，倒入细砂糖、牛奶，用刮板搅拌匀，加入黄奶油，和成面团。

2　用保鲜膜包好压平，放入冰箱冷藏30分钟；取出面团轻轻按压一下，撕掉保鲜膜，压薄；取一个派皮模具，盖上底盘，放上面皮，沿着模具边缘贴紧，用刮板切去多余面皮后压紧。

3　细砂糖、鸡蛋倒入玻璃容器中用搅拌器拌匀，加入杏仁粉拌匀后倒入黄奶油，搅拌至糊状，制成杏仁奶油馅。

4　苹果洗净去核，切片，放入盐水中浸泡5分钟；将杏仁奶油馅倒入模具内，苹果片沥干水分摆放在派皮上。

5　倒入适量奶油馅，将模具放入烤盘，放进冰箱冷藏20分钟后放入烤箱，以上下火均为180℃烤30分钟至熟，取出脱模后装入盘中，刷上适量蜂蜜，放上备好的草莓即可。

彩虹果汁

材料： 去皮菠萝80克，去皮猕猴桃75克，小番茄65克，蜂蜜30克，牛奶50毫升，凉开水40毫升

工具： 榨汁机1台，碗、空杯各1个

— 做法： —

Step One

菠萝切块；猕猴桃切块；洗净的小番茄对半切开，待用。

Step Two

取出榨汁机，倒入菠萝块，注入15毫升凉开水，盖上盖，调好时间旋钮，榨约10秒成菠萝汁。将榨好的菠萝汁倒入碗中，待用。

Step Three

洗净的榨汁杯中放入切好的小番茄，注入15毫升凉开水，盖上盖，调好时间旋钮，榨约10秒成番茄汁。揭开盖，将榨好的番茄汁倒入碗中，待用。

Step Four

洗净的榨汁杯中放入猕猴桃块，注入10毫升凉开水，盖上盖，调好时间旋钮，榨约20秒成猕猴桃汁。揭开盖，将榨好的猕猴桃汁倒入碗中，待用。

Step Five

取空杯，倒入牛奶、猕猴桃汁、菠萝汁、番茄汁，最后淋上蜂蜜即可。

可以根据自家的杯子容量，选择倒入果汁的分量。

别样的鲜香滋味
＼丹麦奶油派 vs 番石榴火龙果汁／

丹麦奶油派

材料：

派皮

高筋面粉170克

低筋面粉30克

细砂糖50克

黄奶油20克

奶粉12克

盐3克

干酵母5克

水88毫升

鸡蛋40克

片状酥油70克

馅料

白奶油40克

杏仁片适量

工具：

刮板、玻璃碗、盘子各1个，擀面杖1根，刀、叉子各1把，烤箱1台

做法：

1　将低筋面粉倒入装有高筋面粉的玻璃碗中拌匀，倒入奶粉、干酵母、盐，拌匀，倒在案台上，用刮板开窝，倒入水、细砂糖，搅拌均匀，放入鸡蛋，拌匀，将材料混合均匀，揉搓成湿面团。

2　加入黄奶油，揉搓成光滑的面团后擀成薄片，将片状酥油擀薄放在面皮上，将面皮折叠，把面皮擀平。

3　先将三分之一的面皮折叠，再将剩下的折叠起来，放入冰箱，冷藏10分钟后取出，继续擀平。将上述动作重复操作两次。

4　取适量酥皮用擀面杖擀薄，用刀将边缘切平整，刷上白奶油后铺上杏仁片，将酥皮对折，边缘压扁封口，再用叉子扎上小孔，将生坯放在烤盘里，常温发酵1.5小时。

5　烤箱上下火均调为190℃预热5分钟，打开箱门，放入发酵好的生坯，关上箱门，烘烤15分钟至熟，将烤好的奶油派取出，装盘即可。

番石榴火龙果汁

材料： 番石榴100克，火龙果130克，柠檬汁30毫升，
凉开水100毫升

工具： 榨汁机1台，杯子1个

做法：

Step One
洗净的番石榴去头尾，切块。

Step Two
火龙果去皮，切块，待用。

Step Three
榨汁机中倒入火龙果块和番石榴块。

Step Four
加入柠檬汁。

Step Five
注入100毫升凉开水。

Step Six
盖上盖，榨约25秒成果汁。

Step Seven
断电后将榨好的果汁倒入杯中即可。

小雨说

夏天的时候可以加点儿小冰
块一起榨汁，这样凉开水用
50毫升即可。

中西结合的幸福美味

＼黄桃培根披萨 vs 樱桃草莓汁／

黄桃培根披萨

材料：

披萨面皮部分

高筋面粉200克

酵母3克

黄奶油20克

水80毫升

盐1克

白糖10克

鸡蛋1个

馅料部分

黄桃块80克

培根片50克

黄彩椒粒、红彩椒粒、青椒粒各40克

洋葱丝30克

沙拉酱20克

芝士丁40克

工具：

刮板、披萨圆盘各1个，擀面杖1根，叉子、刷子各1把，烤箱1台

做法：

1 高筋面粉倒入案台上，用刮板开窝，加入水、白糖，搅匀。

2 加入酵母、盐，搅匀，放入鸡蛋，搅散，与高筋面粉混合均匀。

3 倒入黄奶油混匀，搓揉成纯滑面团，取一半面团用擀面杖均匀擀成圆饼状面皮，放入披萨圆盘中，稍加修整，使面皮与披萨圆盘完整贴合。

4 用叉子在面皮上均匀地扎出小孔，处理好的面皮放置常温下发酵1小时。

5 发酵好的面皮上放入培根片，加入黄桃块，撒上洋葱丝。

6 加入黄彩椒粒、红彩椒粒、青椒粒，刷上沙拉酱，撒上芝士丁，制成披萨生坯。

7 预热烤箱，温度调至上下火均为200℃，将装有披萨生坯的披萨圆盘放入预热好的烤箱中烤10分钟至熟。取出烤好的披萨即可。

櫻桃草莓汁

材料： 草莓95克，櫻桃100克，蜂蜜30克，涼開水適量

工具： 榨汁機1台，杯子1個

———————— 做法： ————————

Step One
洗淨的草莓對半切開，切成小瓣兒。

Step Two
洗淨的櫻桃對半切開，剔去核，待用。

Step Three
備好榨汁機，倒入草莓、櫻桃。

Step Four
倒入適量的涼開水，蓋上蓋，調整旋鈕開始榨汁。

Step Five
待果汁榨好，倒入杯中，淋上備好的蜂蜜，即可飲用。

夏季飲用此果汁前可先放入
冰箱冷藏片刻，口感更佳。

爽滑酥嫩的餐桌美食

＼黄桃派 vs 果汁牛奶／

黄桃派

材料:

派皮

细砂糖5克

低筋面粉200克

牛奶60毫升

黄奶油100克

杏仁奶油馅

黄奶油50克

细砂糖50克

杏仁粉50克

鸡蛋1个

装饰

黄桃肉60克

工具:

刮板、搅拌器、派皮模具、玻璃容器、盘子各1个，保鲜膜1张，小勺1把，烤箱1台

做法:

1 将低筋面粉倒在操作台上，用刮板开窝。

2 倒入细砂糖、牛奶，用刮板搅拌匀，加入黄奶油，用手和成面团。

3 用保鲜膜将面团包好，压平，放入冰箱冷藏30分钟，取出面团后轻轻地按压一下，撕掉保鲜膜，压薄。

4 取一个派皮模具，盖上底盘，放上面皮，沿着模具边缘贴紧，切去多余的面皮，再次沿着模具边缘将面皮压紧。

5 将细砂糖、鸡蛋倒入玻璃容器中，用搅拌器快速拌匀后加入杏仁粉拌匀，倒入黄奶油，搅拌至糊状，制成杏仁奶油馅，倒入模具内，至五分满。

6 将模具放入烤盘后再放入烤箱中，把上下火均调为180℃烤约25分钟至熟。

7 取出烤盘放凉，去除模具，将派皮装盘，将黄桃肉切成薄片，摆放在派皮上即可。

果汁牛奶

材料： 橙子肉200克，纯牛奶100毫升，蜂蜜少许

工具： 榨汁机1台，杯子1个

―――――――――――― 做法： ――――――――――――

Step One
橙子肉切小块。

Step Two
取备好的榨汁机，倒入适量的橙子肉块，榨出果汁。

Step Three
断电后放入余下的橙子肉块，再启动榨取橙汁。

Step Four
将榨好的橙汁倒入杯中，加入纯牛奶，加入备好的蜂蜜，搅拌匀，即可饮用。

此款饮品冰镇后饮用，口感更佳。

绽放你的味蕾

＼葡式蛋挞 vs 芒果汁／

葡式蛋挞

材料:

牛奶100毫升

鲜奶油100克

蛋黄30克

细砂糖5克

炼奶5克

吉士粉3克

蛋挞皮适量

工具:

搅拌器、盘子、过滤网各1
个，烤箱1台，奶锅1个

做法:

1　将奶锅置于火上，倒入牛奶，加入细
　　砂糖。

2　开小火，加热至细砂糖全部熔化，用
　　搅拌器搅拌均匀。

3　倒入鲜奶油，煮至熔化，加入炼奶，
　　拌匀，倒入吉士粉，拌匀。

4　倒入蛋黄，拌匀，关火待用，用过滤
　　网将蛋液过滤一次，再倒入容器中。

5　用过滤网将蛋液再过滤一次。

6　准备好蛋挞皮，把搅拌好的材料倒入
　　蛋挞皮，约八分满即可。

7　将烤盘放入烤箱中，以上火150℃、
　　下火160℃的温度烤约10分钟至熟。

8　取出烤好的葡式蛋挞，装入盘中即可。

芒果汁

材料: 芒果125克, 白糖少许, 纯净水适量

工具: 榨汁机1台, 杯子1个

———————— 做法: ————————

Step One
洗净的芒果取果肉, 切小块。

Step Two
取备好的榨汁机, 倒入切好的芒果。

Step Three
加入少许白糖, 注入适量纯净水, 盖好盖子。

Step Four
选择"榨汁"功能, 榨出芒果汁。

Step Five
断电后倒出榨好的芒果汁, 装入杯中即成。

来自热带的芒果自带热情,
鲜榨成汁后, 邀你的味蕾共
舞热情桑巴, 且芒果核还有
止咳的功效, 可用水煎服。

丝滑香酥的美味享受

\ 巧克力蛋挞 vs 综合蔬果汁 /

巧克力蛋挞

材料：

蛋挞水部分

水125毫升
细砂糖50克
鸡蛋2个
巧克力豆适量

蛋挞皮部分

低筋面粉75克
糖粉50克
黄奶油50克
蛋黄20克

工具：

刮板、蛋挞模具、打蛋
器、杯子、碗、盘子、
筛子各1个，烤箱1台

做法：

1 将低筋面粉倒在案台上，用刮板开窝，倒入
   糖粉、蛋黄，搅散。

2 加入黄奶油，刮入面粉，混合均匀，揉搓成
   光滑的面团。

3 把面团搓成长条，用刮板分切成等份的剂子。

4 将剂子放入蛋挞模具里，把剂子捏在模具内
   壁上，制成蛋挞皮。

5 把鸡蛋倒入碗中，加入水、细砂糖，用打蛋
   器搅匀，制成蛋挞水。

6 蛋挞水过筛，装入杯中，再过筛，装回碗中。

7 蛋挞皮装在烤盘里，倒入蛋挞水，装约八分
   满，逐个放入适量巧克力豆，制成蛋挞生坯。

8 把烤箱上下火的温度均调为200℃，预热5
   分钟，把蛋挞生坯放入烤箱里，烘烤10分钟
   至熟。

9 打开烤箱门，把烤好的蛋挞取出，蛋挞脱模
   后装盘即可。

综合蔬果汁

材料： 苹果肉130克，橙子肉65克，胡萝卜肉100克

工具： 榨汁机1台，杯子1个

——————— 做法： ———————

Step One
苹果肉切丁，胡萝卜肉切小块，橙子肉切小块。

Step Two
取来备好的榨汁机，倒入部分切好的食材，榨约30秒。

Step Three
断电后再分两次倒入余下的食材，榨取蔬果汁。

Step Four
将榨好的蔬果汁倒入杯中即成。

苹果切块后可用淡盐水浸
泡一会儿，这样能避免氧
化变黑。

外脆里滑好滋味

脆皮蛋挞 vs 鲜榨苹果汁

脆皮蛋挞

材料:

面皮
低筋面粉220克
高筋面粉30克
黄奶油40克
细砂糖5克
盐1.5克
清水125毫升
片状酥油180克

蛋挞液
清水125毫升
细砂糖50克
鸡蛋2个

工具:

擀面杖、圆形模具、筛网、盘子各1个,蛋挞模4个,油纸1张,烤箱1台

做法:

1 低筋面粉、高筋面粉放上操作台开窝,倒入细砂糖、盐、清水拌匀后,加入黄奶油揉成光滑面团,静置10分钟。

2 用油纸包好片状酥油并用擀面杖擀平,包好片状酥油并折叠成长方块,再次擀薄折叠,装盘放入冰箱冷藏10分钟后取出,擀薄。

3 用模具在面皮上压出四块圆形面皮放入蛋挞模中,沿边缘捏紧,做成蛋挞面皮;将清水、细砂糖倒入碗中拌匀至细砂糖溶化,加入鸡蛋液拌匀,做成蛋挞液。

4 过筛后倒入蛋挞模,放入烤盘后放入烤箱,以上下火均为220℃烤10分钟至熟,取出脱模装盘。

在制作蛋挞液时,可以用牛奶代替清水。

鲜榨苹果汁

材料： 苹果120克

工具： 榨汁机1台，杯子1个

────── **做法：** ──────

Step One
洗净的苹果取果肉，切成小块。

Step Two
取备好的榨汁机，倒入部分切好的苹果块，榨出果汁。

Step Three
倒入余下的苹果块，榨取果汁。

Step Four
断电后将榨好的果汁倒入杯中即可。

扭扭捏捏的美味

\ 双条扭酥 vs 苹果奶昔 /

双条扭酥

材料：

低筋面粉220克

高筋面粉30克

黄奶油40克

细砂糖5克

盐1.5克

清水125毫升

片状酥油180克

蛋黄液适量

工具：

擀面杖、刮板、盘子各1个，量尺、小刀、刷子各1把，油纸1张

做法：

1 低筋面粉、高筋面粉放上操作台用刮板开窝，倒入细砂糖、盐、清水拌匀，并揉成光滑面团，放上黄奶油，揉成光滑面团，静置10分钟。

2 用油纸包好片状酥油擀平，将面团擀成面皮包好片状酥油，并折叠成长方块擀薄，再次折叠成长方块，装入铺有少许低筋面粉的盘中放入冰箱冷藏10分钟。

3 取出面皮擀薄，将边缘切平整，再切出4小块长、宽分别为10厘米、2.5厘米的面皮，依次将面皮对折后用刀划一刀，在面皮一端反方向卷起，制成双条扭酥生坯放入烤盘。

4 刷上适量蛋黄液，将烤盘放入烤箱中，以上下火均为200℃烤15分钟至熟，烤好后取出装盘即可。

制作面团时，清水要分次加入，这样才好把握面团的干湿程度。

苹果奶昔

材料：苹果1个，酸奶200毫升

工具：榨汁机1台，玻璃杯1个

———————— 做法：————————

Step One
将洗净的苹果去皮，对半切开。

Step Two
把苹果切成瓣，去核，再切成小块。

Step Three
取榨汁机，选搅拌刀座组合，放入苹果。

Step Four
倒入酸奶，盖上盖，将苹果榨成汁。

Step Five
把苹果酸奶汁倒入玻璃杯即可。

水果季，美味齐分享

＼蓝莓酥 vs 芒果双色果汁／

蓝莓酥

材料:

低筋面粉220克

高筋面粉30克

黄奶油40克

细砂糖5克

盐1.5克

清水125毫升

片状酥油180克

蛋黄液、蓝莓酱各适量

工具:

擀面杖、刮板、盘子各1个，量尺、小刀、刷子各1把，油纸1张

做法:

1 低筋面粉、高筋面粉放上操作台用刮板开窝，倒入细砂糖、盐、清水拌匀，揉成光滑面团，然后放上黄奶油，揉搓均匀，静置10分钟。

2 用油纸包好片状酥油擀平，将面团擀成面皮包好片状酥油，折叠成长方块擀薄，再次折叠成长方块，放入冰箱冷藏10分钟。

3 取出面皮擀薄，将边缘切平整，再切出4小块长、宽分别为10厘米、2.5厘米的面皮，对角折起，在其中两个角内侧各划一刀，打开之后，再对角折起，呈菱形状。

4 放入烤盘，刷上适量蛋黄液，倒入蓝莓酱，放入烤箱中，以上下火均为200℃烤15分钟至熟，烤好后取出装盘即可。

小雨说

制作蓝莓酥生坯时，对角尽量不要捏紧，以免烘烤时膨胀不起来。

芒果双色果汁

材料: 芒果95克, 西红柿120克, 薄荷叶少许, 酸奶250毫升, 蜂蜜25克, 纯净水适量

工具: 榨汁机1台, 玻璃杯1个

———————————— 做法: ————————————

Step One
芒果洗净取肉切小块, 洗净的西红柿切小块。

Step Two
取来备好的榨汁机, 倒入切好的芒果肉。

Step Three
放入酸奶, 盖好盖子, 榨出果汁。

Step Four
断电后倒出芒果汁, 装入玻璃杯中, 待用。

Step Five
将切好的西红柿倒入榨汁机中。

Step Six
加入蜂蜜, 注入适量纯净水, 盖好盖子, 榨出西红柿汁。

Step Seven
断电后倒出西红柿汁, 装入同一个玻璃杯中, 点缀上薄荷叶即可。

香酥软糯满口香

\蝴蝶酥 vs 苹果椰奶汁/

蝴蝶酥

材料:

低筋面粉220克　　盐1.5克
高筋面粉30克　　　清水125毫升
黄奶油40克　　　　片状酥油180克
细砂糖7克　　　　　蛋黄液适量

工具:

擀面杖、刮板、盘子各1个，量尺、小刀、刷子各1把，油纸1张

做法:

1 低筋面粉、高筋面粉放上操作台用刮板开窝，接着倒入3克细砂糖、盐、清水拌匀，揉成光滑面团，放上黄奶油揉成光滑面团，静置10分钟。

2 用油纸包好片状酥油擀平，把面团擀成面皮，包好片状酥油，折叠成长方块擀薄，再次折叠成长方块，放入冰箱冷藏10分钟。

3 取出面皮擀薄，用刀切出四条面皮，长、宽分别为20厘米、1厘米，把面皮两端同时向中间卷起，即成蝴蝶酥生坯，将其沾上适量细砂糖，再放入刷上蛋黄液的烤盘。

4 烤盘入烤箱，将上下火均调为200℃烤20分钟至熟，取出烤盘，将烤好的蝴蝶酥装入盘中即可。

小贴士

卷蝴蝶酥时，不能卷得太松，否则烘烤后膨胀，会影响外观。

苹果椰奶汁

材料： 苹果70克，牛奶300毫升，椰奶200毫升

工具： 榨汁机1台，杯子1个

──────── 做法： ────────

Step One
洗净去皮的苹果切开，去除果核，切成小块，备用。

Step Two
取榨汁机，选择搅拌刀座组合，倒入苹果，加入牛奶、椰奶。

Step Three
盖上盖，选择"榨汁"功能，榨取汁水。

Step Four
断电后倒出汁水，装入杯中即可。

双黄合璧，奶香浓郁

＼奶油葡萄酥 vs 香芒菠萝椰汁／

奶油葡萄酥

材料:

低筋面粉195克

葡萄干60克

玉米淀粉15克

鸡蛋2个

蛋黄1个

奶粉12克

黄奶油80克

糖粉50克

工具:

刮板、盘子各1个,擀面杖1
根,刷子、刀各1把,烤箱1
台,高温布1块

做法:

1　将低筋面粉倒在案台上,倒入奶粉、玉米
淀粉,用刮板开窝。

2　放入糖粉,加入2个鸡蛋,用刮板搅匀。

3　放入黄奶油,将材料混合均匀,揉搓成纯
滑的面团。

4　把面团压平,倒入备好的葡萄干,再压
平,揉搓均匀。

5　用擀面杖把面团擀成饼状,把饼坯边缘切
齐整,再切成方块。

6　把切好的饼坯放入铺有高温布的烤盘中,
再刷一层蛋黄。

7　将烤盘放入烤箱,以上下火均为170℃烤
15分钟至熟。

8　取出烤好的葡萄酥,装入盘中即可。

香芒菠萝椰汁

材料：芒果120克，菠萝肉170克，椰汁350毫升

工具：榨汁机1台，杯子1个

做法：

Step One
洗净的菠萝肉切开，切成小块。

Step Two
将芒果洗净切开，去皮，切取果肉，改切成小块，备用。

Step Three
取榨汁机，选择搅拌刀座组合，倒入芒果肉、菠萝肉，加入椰汁。

Step Four
盖上盖，选择"榨汁"功能，榨取果汁。

Step Five
断电后倒出果汁，装入杯中即可。

小雨说

菠萝先用淡盐水泡半小时再榨汁，味道会更佳。

浪漫甜蜜，好吃不腻
＼水果泡芙 vs 奶香苹果汁／

水果泡芙

材料：

牛奶110毫升

水35毫升

黄油55克

低筋面粉75克

盐3克

鸡蛋2个

已打发的鲜奶油适量

什锦水果适量

工具：

玻璃碗1个，刀、剪刀、刮板
各1把，电动搅拌器、烤箱各
1台，裱花袋2个，烤焙纸1
张，奶锅1个

做法：

1 锅中倒入牛奶，加入水，用小火加热片
刻，加入盐，拌匀。

2 倒入黄油，不停地搅拌至溶化，关火后加
入低筋面粉，搅匀，制成黄油浆。

3 将锅中的黄油浆倒入玻璃碗中，加入一个
鸡蛋，用电动搅拌器搅匀。

4 倒入另一个鸡蛋，拌匀，蛋糕浆制成，用
刮板装入备好的裱花袋中。

5 用剪刀在裱花袋剪一个小口，烤盘垫上烘
焙纸，挤入数个大小均等的生坯，放入烤
箱，以上下火均为200℃烤20分钟至熟。

6 取出烤盘，将鲜奶油装进另一个裱花袋
里，用剪刀在裱花袋顶部剪一个小洞。

7 用小刀逐一切开泡芙的侧面（切勿切
断），然后将鲜奶油挤进每个泡芙切开的
小口里。

8 挤好鲜奶油的小口中逐一放入备好的什锦
水果，将做好的水果泡芙装盘即可。

奶香苹果汁

材料： 苹果100克，纯牛奶120毫升

工具： 榨汁机1台，杯子1个

────────────── 做法： ──────────────

Step One
洗净的苹果取果肉，切小块。

Step Two
取榨汁机，选择搅拌刀座组合，倒入切好的苹果。

Step Three
注入纯牛奶，盖好盖。

Step Four
选择"榨汁"功能，榨取果汁。

Step Five
断电后倒出果汁，装入杯中即成。

小雨说

榨汁前可以将纯牛奶冰镇
一会儿，这样果汁的口感
会更佳。

一座塔的甜蜜时光

＼泡芙塔 vs 冰糖雪梨汁／

泡芙塔

材料:

牛奶110毫升

水35毫升

黄奶油55克

低筋面粉75克

盐3克

鸡蛋2个

糖粉适量

糖浆适量

工具:

奶锅、盘子、裱花袋、电动搅拌器、筛网各1个，剪刀、刷子各1把，高温布1张，烤箱1台

做法:

1 奶锅中倒入牛奶，用大火加热，加入黄奶油、水拌匀，加入盐，转小火搅匀至黄奶油全部熔化。

2 关火后加入低筋面粉，用大火快速搅拌至食材混合均匀，分两次加入鸡蛋，并用电动搅拌器搅拌均匀后关火，即成泡芙浆，放置一旁放凉待用。

3 将泡芙浆装入裱花袋，剪开一个小口，在铺有高温布的烤盘中挤出数个大小均等的小团放入烤箱，以上下火均为200℃烤20分钟至熟。

4 取出泡芙并刷适量糖浆后叠层放在盘中，做成泡芙塔在泡芙塔上筛上适量糖粉即可。

小雨说

煮好的泡芙浆要冷却后方可装入裱花袋，以免裱花袋遇高温产生有害物质。

冰糖雪梨汁

材料： 雪梨140克，柠檬片少许，冰糖20克，纯净水适量

工具： 榨汁机1台，杯子1个

———————————— **做法：** ————————————

Step One
洗净的雪梨取果肉，切小块。

Step Two
取榨汁机，选择搅拌刀座组合，放入雪梨和柠檬片。

Step Three
撒入冰糖，注入适量纯净水，盖上盖子。

Step Four
选择"榨汁"功能，榨取果汁。

Step Five
断电后倒出果汁，装入杯中即成。

浪漫国度的浪漫美味

＼法国吐司 vs 鲜姜凤梨苹果汁／

法国吐司

材料:

吐司2片

芝士2片

火腿片2片

纯牛奶30毫升

黄奶油40克

鸡蛋2个

工具:

蛋糕刀1把，煎锅、盘子各1个，白纸1张

做法:

1　煎锅烧热，关火后放入吐司片。

2　用筷子将鸡蛋搅散，加入牛奶，搅匀。

3　在吐司上抹上适量黄奶油，倒入少许牛奶蛋液。

4　用小火煎至微黄色，依此煎制另一片吐司。

5　将所有材料置于白纸上。

6　把芝士片放在吐司片上，放上火腿片。

7　盖上芝士片，再放上火腿片，盖上另一片吐司。

8　用蛋糕刀把做好的吐司切成三角块，装入盘中即可。

小雨说

可用小火煎吐司片，能节省烹饪时间。

鲜姜凤梨苹果汁

材料： 苹果135克，菠萝肉80克，姜块少许，纯净水适量

工具： 榨汁机1台，杯子1个

————————————— **做法：** ——————————————

Step One
去皮洗净的姜块切粗丝。

Step Two
洗净的苹果切取果肉，改切成小块；菠萝肉切丁。

Step Three
取备好的榨汁机，选择搅拌刀座组合，倒入切好的苹果和菠萝肉。

Step Four
放入姜丝，注入适量纯净水，盖上盖子。

Step Five
选择"榨汁"功能，榨出果汁。

Step Six
断电后倒出果汁，滤入杯中即可。

可以吃的幸福

＼肉松三明治 vs 蓝莓猕猴桃奶昔／

肉松三明治

材料：

鸡蛋1个
吐司4片
肉松适量
沙拉酱适量
食用油适量

做法：

1　煎锅中放入适量的食用油，打入鸡蛋，煎约1分钟至两面微焦。

2　将煎熟的鸡蛋盛入盘中备用。

3　取一片吐司，刷上沙拉酱。

4　放上肉松，盖上一片吐司，刷上沙拉酱，放入煎鸡蛋，放上吐司片。

5　涂抹一层沙拉酱，铺上肉松。

6　盖上第四片吐司，三明治制成。

7　用刀切去三明治吐司的边缘，将三明治对半切开。

8　将切好的三明治装盘即可。

工具：

刷子、蛋糕刀各1把，煎锅、盘子各1个

蓝莓猕猴桃奶昔

材料： 猕猴桃60克，蓝莓40克，酸奶、奥利奥饼干碎
各适量

工具： 榨汁机1台，杯子1个

── 做法： ──

Step One
洗净的猕猴桃去皮，切开，再切成小块。

Step Two
准备一碗清水，放入蓝莓，清洗干净。

Step Three
将洗好的蓝莓捞出，沥干水分。

Step Four
取榨汁机，选择搅拌刀座组合，倒入猕猴桃、蓝莓，注入适量的
酸奶。

Step Five
盖上盖，选择"榨汁"功能，榨取汁水。

Step Six
断电后揭开盖，将榨好的果汁倒入杯子。

Step Seven
将备好的奥利奥饼干碎撒入杯中即可。

榨汁时也可以加一整块奥
利奥一起打，这样口感也
很好。

外酥内柔真滋味

\ 玛芬三明治 vs 柳橙冰沙 /

玛芬三明治

材料：

鸡蛋2个

面粉5克

黄油20克

肉豆蔻1个

黄芥末酱5克

格鲁耶尔干酪10克

切片面包6片

烟熏火腿片适量

工具：

玛芬模具、玻璃容器、勺子、搅拌器、磨碎器各1个，烤箱1台

做法：

1　取2个鸡蛋的蛋清部分，倒入玻璃容器中，将面粉加入蛋清液中。

2　用搅拌器搅拌均匀至没有颗粒，加入少许黄油，快速搅匀。用磨碎器擦入少许肉豆蔻屑，提香。

3　加入少许黄芥末酱，拌匀，将切片面包压实，将切片面包双面均匀抹上黄油。

4　放入模具中作为玛芬杯体，铺上一片烟熏火腿。

5　取蛋黄倒入玛芬模具中，再舀入一匙调制好的混合液。

6　擦上一层干酪丝，即成玛芬三明治生坯。按照同样方法将剩余生坯做好。

7　将玛芬三明治放入已预热至180℃的烤箱中，烤5分钟至焦黄，取出玛芬三明治即可。

柳橙冰沙

材料：柳橙汁50毫升，白糖30克，香草粉5克，凉开
水150毫升

工具：冰格1件，碗、玻璃杯各1个

———————— 做法： ————————

Step One

将备好的凉开水倒入冰格中，冷冻约2小时，冻成冰
块，取出后搅碎，制成冰沙，待用。

Step Two

将柳橙汁装在碗中，加入白糖。

Step Three

撒上香草粉，匀速地搅拌一会儿，制成果汁，待用。

Step Four

取一干净的玻璃杯，铺上一层冰沙，倒入备好的果汁
即可。

制果汁时可用隔水加热的方
式，能令白糖充分溶化。

经典美味，冰甜可口

芝心披萨 vs 香蕉木瓜汁

芝心披萨

材料：

披萨面皮部分

高筋面粉200克

酵母3克

黄奶油20克

水80毫升

盐1克

白糖10克

鸡蛋1个

馅料部分

芝士丁40克

洋葱丝30克

山药丁50克

培根片60克

玉米粒30克

腊肠块40克

蟹棒丁、番茄酱各适量

工具：

刮板、披萨圆盘各1个，擀面杖1根，叉子1把，烤箱1台

做法：

1　高筋面粉倒在案台上，用刮板开窝，加入水、白糖，搅匀。

2　加入酵母、盐，搅匀，放入鸡蛋，搅散，与高筋面粉混合均匀。

3　倒入黄奶油，混匀，将混合物搓揉至纯滑面团，取一半面团，用擀面杖均匀擀成圆饼状面皮。

4　将面皮放入披萨圆盘中，稍加修整，使面皮与披萨圆盘完整贴合。

5　用叉子在面皮上均匀地扎出小孔，处理好的面皮放置常温下发酵1小时。

6　发酵好的面皮上铺一层玉米粒，挤上番茄酱，依次加上腊肠块、山药丁、洋葱丝、蟹棒丁，均匀摆放好培根片，加入芝士丁制成披萨生坯。

7　预热烤箱，上下火均为200℃，将装有披萨生坯的披萨圆盘放入预热好的烤箱中，烤10分钟至熟，取出烤好的披萨即可。

香蕉木瓜汁

材料： 木瓜100克，香蕉80克，凉开水适量

工具： 榨汁机1台，杯子1个

———————————— 做法：————————————

Step One
去皮的香蕉切成段。

Step Two
洗净的木瓜切开，去子，去皮，切成小块，待用。

Step Three
取榨汁杯，倒入香蕉段、木瓜块。

Step Four
注入适量的凉开水，盖上盖，按下"榨汁"键，榨取果汁。

Step Five
断电后将果汁倒入杯中即可。

木瓜块可以切得小点儿，会
更容易搅碎。